新学習指導要領対応（2022年度）

ドラゴン桜式

数学力ドリル
数学II・B・C

19日間で
基礎力が
メキメキUP!

【監修】牛瀧文宏　三田紀房　コルク　モーニング編集部

JN047154

講談社

はじめに

　この計算ドリルは，主に高等学校の数学Ⅱと数学B・数学Cで登場する計算内容をドリル練習するための問題集です。2022年度からの高等学校の新学習指導要領実施に準拠するように，今回内容をリニューアルしました。あくまでも計算ドリルですから，数学Ⅱ・B・Cのすべての内容をカバーしているわけではありませんが，計算問題に関して代表的なものはほとんど網羅しています。まさに，「数学Ⅱ・B・Cで必要な計算力を効果的に身につけたい!!」と思われる方にピッタリです。

　このドリルの練習目標を一言で言うなら，「新しく学ぶ概念へのしっかりとした基礎を築き，直感力も養おう！」です。数学Ⅱ・B・Cではこれまでの数学に比べ，取り扱う対象が格段に多様化します。いろいろな関数や数列，ベクトル，複素数平面といった新しく登場する対象を自在に操作する力や，これらへの直感力を養う必要があります。微分・積分も勉強します。計算練習を通じて多くの事例に触れることが，新しい学習内容への理解や直感力形成につながり，それが数学の力のベースとなり得るのです。

　なおこのドリルでは，概念の流れのうえからも，計算力にゆとりをもたせるためにも，数学Ⅱ・B・Cの内容を超えたものも若干取り上げています。しかし，これらの一歩進んだ内容さえ，本書で計算練習を進めるうちに無理なく自分のものにできると思います。逆に数学Ⅱの内容であっても数学的概念の関連性から『新学習指導要領対応（2022年度）　ドラゴン桜式　数学力ドリル　数学Ⅰ・A』に掲載したものもあります。

　学習スタイルとしては，まずは自分のペースではじめて，くり返して勉強することをおすすめします。問題のおおまかな難易度を6つの★で表してあるので，学習を進める際の目安にして下さい。星の数が多いほど難易度が高くなっています。6つ★がついたページには，数学Ⅱ・B・Cを超える内容が含まれています。また，数学Ⅰの学習内容は，数学Ⅱを勉強するうえで必須事項です。自信がなかったり，基礎固めをしたい場合は，『新学習指導要領対応（2022年度）　ドラゴン桜式　数学力ドリル　数学Ⅰ・A』も併用されると効果的です。

　最後になりましたが，勉強するうえでつまずきやすい点や，ちょっとしたヒント，素朴な疑問とその答えなどを『ドラゴン桜』のキャラクターたちが語っています。彼らも同じ高校生です。いっしょに勉強を楽しく進めてください。

2022年12月13日

監修者　牛瀧文宏

目 次

CONTENTS

ブックデザイン──安田あたる
本文イラスト──三田紀房・TS スタジオ

　倒産の危機に瀕している私立龍山高等学校。この高校の債権整理を任されて乗り込んできた弁護士・桜木建二は，急に気を変えて再建策を打ち出す。それは「5年後，東大合格者を100人出す！」という超進学校化プランだった。その手はじめとして，1年後の春に最低でも1人の東大合格者を出すという。

　しかし，龍山高校のレベルは低く，受験での大学合格者が出ればほとんど奇跡という状態。しかも教師陣からは，進学校化プランへの不満や抵抗，反発が次々と出る。

　桜木は「特別進学クラス（特進クラス）」をつくり，自ら高3特進クラスの担任となる。集まった生徒は水野直美と矢島勇介の2人。しかし2人とも成績は最低，まともに机に向かったことすらない生徒だった。

　桜木によって各教科に優れた教師が招聘される。数学担当として桜木がみこんだのは，受験数学で伝説的な人物の柳鉄之介である。柳の指導のもと，特訓の日々がはじまった。

桜木建二

特別進学クラスの責任者。本来は弁護士でクラスでは社会科を担当。各教科の教師たちとの連携をつねに意識し実践中。効果的な方法を柔軟にとりいれる。

柳鉄之介

抜群の東大進学実績をほこっていた伝説の受験塾"柳塾"の塾長。授業はスパルタ式でよく怒鳴る。実は，生徒に実力がつくよう細やかな工夫をおこたらない人物。

水野直美

龍山高校の3年生。ひょんなことから立ち止まって自らの環境を考え，現状の打破のため特進クラスへ。数学は大の苦手。柳の指導で練習の重要性を理解しはじめ，計算問題を特訓している。

矢島勇介

龍山高校の3年生。親を見返そうと特進クラスで東大を目指す。数学は全部不得意だと自分で思い込んでいたが，基礎の練習をくり返すうちに，何が弱点なのかはっきりしてきた。

1限目 多項式の乗法と二項定理

★☆☆☆☆☆

1回目	月	日
2回目	月	日
3回目	月	日

1 ▶次の計算をせよ。【1問15点】

(1) $(x+1)(x^2-x+1)=$

(2) $(a-2b)(a^2+2ab+4b^2)=$

(3) $\left(a+\dfrac{1}{3}\right)^3=$

(4) $(2x-3y)^3=$

(5) $(x+y)^3(x-y)^3=$

2 ▶$(x+2y)^7$ の x^4y^3 の係数を求めよ。【25点】

答えは次のページ ☞

3乗の展開公式は右から読むと
因数分解の公式としても重要だぞ。

	点
	点
	点

桜木MEMO

展開公式

$(a+b)^3=a^3+3a^2b+3ab^2+b^3$　$(a-b)^3=a^3-3a^2b+3ab^2-b^3$

$(a+b)(a^2-ab+b^2)=a^3+b^3$　$(a-b)(a^2+ab+b^2)=a^3-b^3$

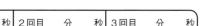

目標タイム **3**分 | 1回目　分　秒 | 2回目　分　秒 | 3回目　分　秒

多項式の乗法と二項定理

1 (1) $(x+1)(x^2-x+1)=(x+1)(x^2-x\cdot1+1^2)=x^3+1$ 　　答 x^3+1

(2) $(a-2b)(a^2+2ab+4b^2)=(a-2b)\{a^2+a\cdot(2b)+(2b)^2\}$
$$=a^3-8b^3$$
　　答 a^3-8b^3

(3) $\left(a+\dfrac{1}{3}\right)^3=a^3+3a^2\cdot\dfrac{1}{3}+3a\cdot\left(\dfrac{1}{3}\right)^2+\left(\dfrac{1}{3}\right)^3$
$$=a^3+a^2+\dfrac{a}{3}+\dfrac{1}{27}$$
　　答 $a^3+a^2+\dfrac{a}{3}+\dfrac{1}{27}$

(4) $(2x-3y)^3=(2x)^3-3(2x)^2(3y)+3(2x)(3y)^2-(3y)^3$
$$=8x^3-36x^2y+54xy^2-27y^3$$
　　答 $8x^3-36x^2y+54xy^2-27y^3$

(5) $(x+y)^3(x-y)^3=\{(x+y)(x-y)\}^3=(x^2-y^2)^3$
$$=(x^2)^3-3(x^2)^2y^2+3x^2(y^2)^2-(y^2)^3$$
$$=x^6-3x^4y^2+3x^2y^4-y^6$$
　　答 $x^6-3x^4y^2+3x^2y^4-y^6$

2 x^4y^3 の項は，二項定理より
$$_7C_3\cdot x^4\cdot(2y)^3=35\cdot x^4\cdot8y^3=280x^4y^3$$
　　答 280

まぢっ!?　**2**って
展開しなくていいのか！

二項定理を使え！　$(a+b)^n$ の $a^{n-r}b^r$ の項は
$_nC_ra^{n-r}b^r$ だ。

多項式の乗法と二項定理
ホップ! ステップ! ジャンプ!

★★★★☆☆

1回目	月	日
2回目	月	日
3回目	月	日

☆ドラ桜語録 ☆

何かを覚えようとするならとにかく書け！ ノートでも紙切れでもそばにあるものに書いて書いて書きまくれっ！（第2巻）

---

1 ▶次の問いに答えよ。【1問10点】

(1) $(x-y)^5$ の $x^2 y^3$ の係数を求めよ。

(2) $(3x-2y)^6$ の $x^4 y^2$ の係数を求めよ。

(3) $\left(2x+\dfrac{1}{x}\right)^5$ の x の係数を求めよ。

(4) $(x+y+z)^6$ の $xy^3 z^2$ の係数を求めよ。

2 ▶n を自然数とするとき，次を求めよ。【1問15点】

(1) $_nC_0 + _nC_1 + _nC_2 + \cdots + _nC_{n-1} + _nC_n =$

(2) $_nC_0 - _nC_1 + _nC_2 - \cdots + (-1)^n {}_nC_n =$

(3) $_nC_0 + 2\,_nC_1 + 4\,_nC_2 + \cdots + 2^n\,_nC_n =$

(4) $_nC_0 + \dfrac{_nC_1}{2} + \dfrac{_nC_2}{4} + \cdots + \dfrac{_nC_n}{2^n} =$

点

点

点

答えは次のページ ☞

1 (1)　$x^2 y^3$ の項は，二項定理より
$$_5C_3 \cdot x^2 \cdot (-y)^3 = -10x^2 y^3 \qquad \underline{\text{答}\quad -10}$$

(2)　$x^4 y^2$ の項は，二項定理より
$$_6C_2 \cdot (3x)^4 \cdot (-2y)^2 = 15 \cdot (81x^4) \cdot (4y^2)$$
$$= 4860x^4 y^2 \qquad \underline{\text{答}\quad 4860}$$

(3)　x の項は，二項定理より
$$_5C_2 \cdot (2x)^3 \cdot \left(\frac{1}{x}\right)^2 = 10 \cdot (8x^3) \cdot \frac{1}{x^2} = 80x \qquad \underline{\text{答}\quad 80}$$

(4)　$xy^3 z^2$ の項は，二項定理より
$$\frac{6!}{1!\,3!\,2!} xy^3 z^2 = 60xy^3 z^2 \qquad \underline{\text{答}\quad 60}$$

2 (1)
$$_nC_0 + {}_nC_1 + {}_nC_2 + \cdots + {}_nC_{n-1} + {}_nC_n$$
$$= {}_nC_0 \cdot 1^n \cdot 1^0 + {}_nC_1 \cdot 1^{n-1} \cdot 1^1 + {}_nC_2 \cdot 1^{n-2} \cdot 1^2 + \cdots$$
$$+ {}_nC_{n-1} \cdot 1^1 \cdot 1^{n-1} + {}_nC_n \cdot 1^0 \cdot 1^n$$
$$= (1+1)^n = 2^n$$

(2)
$$_nC_0 - {}_nC_1 + {}_nC_2 - \cdots + (-1)^n {}_nC_n$$
$$= {}_nC_0 \cdot 1^n \cdot (-1)^0 + {}_nC_1 \cdot 1^{n-1} \cdot (-1)^1 + {}_nC_2 \cdot 1^{n-2} \cdot (-1)^2 + \cdots$$
$$+ {}_nC_n \cdot 1^0 \cdot (-1)^n$$
$$= (1-1)^n = 0$$

(3)
$$_nC_0 + 2\,{}_nC_1 + 4\,{}_nC_2 + \cdots + 2^n\,{}_nC_n$$
$$= {}_nC_0 \cdot 1^n \cdot 2^0 + {}_nC_1 \cdot 1^{n-1} \cdot 2^1 + {}_nC_2 \cdot 1^{n-2} \cdot 2^2 + \cdots + {}_nC_n \cdot 1^0 \cdot 2^n$$
$$= (1+2)^n = 3^n$$

(4)
$$_nC_0 + \frac{{}_nC_1}{2} + \frac{{}_nC_2}{4} + \cdots + \frac{{}_nC_n}{2^n}$$
$$= {}_nC_0 \cdot 1^n \cdot \left(\frac{1}{2}\right)^0 + {}_nC_1 \cdot 1^{n-1} \cdot \left(\frac{1}{2}\right)^1 + {}_nC_2 \cdot 1^{n-2} \cdot \left(\frac{1}{2}\right)^2 + \cdots + {}_nC_n \cdot 1^0 \cdot \left(\frac{1}{2}\right)^n$$
$$= \left(1 + \frac{1}{2}\right)^n = \left(\frac{3}{2}\right)^n$$

2限目 多項式の除法，
因数分解，因数定理

★★ ★ ★ ★

1回目	月	日
2回目	月	日
3回目	月	日

1 ▶次の問いに答えよ。【1問20点】

(1) $x^4+x^3-4x^2+2$ を x^2+x-1 で割ったときの商と余りを求めよ。

(2) x^3-2x^2+3x+5 を $x+2$ で割ったときの余りを求めよ。

2 ▶次の式を因数分解せよ。【1問20点】

(1) a^3+8

(2) $x^3-9x^2y+27xy^2-27y^3$

(3) $x^3-12x+16$

答えは次のページ

因数定理を使うときは，まず ±1 を代入だ。それでうまく 0 にならないなら，

$$\pm\frac{定数項の約数}{最高次の係数の約数}$$ を代入だ。

桜木MEMO

剰余の定理：多項式 $P(x)$ を $x-a$ で割ったときの余りは $P(a)$。
因数定理：1次式 $x-a$ が多項式 $P(x)$ の因数 $\Leftrightarrow P(a)=0$

点

点

点

目標タイム 3 分 | 1回目　　分　　秒 | 2回目　　分　　秒 | 3回目　　分　　秒

1 (1)

$$\begin{array}{r} x^2 -3 \\ x^2+x-1{\overline{\smash{\big)}\,x^4+x^3-4x^2+2}} \\ \underline{x^4+x^3-x^2} \\ -3x^2+2 \\ \underline{-3x^2-3x+3} \\ 3x-1 \end{array}$$

答　商 x^2-3　余り $3x-1$

(2)　$P(x)=x^3-2x^2+3x+5$ とおく。剰余の定理より $P(x)$ を $x+2$ で割ったときの余りは　$P(-2)=(-2)^3-2(-2)^2+3(-2)+5=-17$

答　-17

2 (1)　$a^3+8=a^3+2^3=(a+2)(a^2-a\cdot2+2^2)$
$=(a+2)(a^2-2a+4)$

答　$(a+2)(a^2-2a+4)$

(2)　$x^3-9x^2y+27xy^2-27y^3=x^3-3\cdot x^2\cdot(3y)+3\cdot x\cdot(3y)^2-(3y)^3$
$=(x-3y)^3$

答　$(x-3y)^3$

(3)　与式を $P(x)$ とおくと，
$P(2)=8-24+16=0$
よって，$P(x)$ は $(x-2)$ で割り切れるので
$P(x)=(x-2)(x^2+2x-8)$
$=(x-2)(x-2)(x+4)$
$=(x-2)^2(x+4)$

$$\begin{array}{r} x^2+2x-8 \\ x-2{\overline{\smash{\big)}\,x^3-12x+16}} \\ \underline{x^3-2x^2} \\ 2x^2-12x \\ \underline{2x^2-4x} \\ -8x+16 \\ \underline{-8x+16} \\ 0 \end{array}$$

答　$(x-2)^2(x+4)$

因数定理は簡単でいいけど，
実際に割る方は大変ね。

筆算は係数だけ書けばいい。
マイナスがついたところがあるが，
ふつうの筆算と同じようにやってみろ。

$$\begin{array}{r} 1 0 -3 \\ 11-1{\overline{\smash{\big)}\,11-402}} \\ \underline{11-1} \\ 0-302 \\ \underline{-3-33} \\ 3-1 \end{array}$$

多項式の除法, 因数分解, 因数定理

ホップ! ステップ!

★★☆☆☆

1回目	月	日
2回目	月	日
3回目	月	日

1 ▶次の問いに答えよ。【1問15点】

(1) $-x^4+2x^2+8$ を x^2+x-3 で割ったときの商と余りを求めよ。

(2) $A=a^3+a^2b-2ab^2$, $B=a+b$ とする。A, B を a の多項式とみて, A を B で割ったときの商と余りを求めよ。

2 ▶次の式を因数分解せよ。【(1), (2) 15点, (3), (4) 20点】

(1) $27a^3-b^3$

(2) $x^3+6x^2+12x+8$

(3) x^6-y^6

(4) $x^3+2x^2y+6xy+18y-27$

	点
	点
	点

答えは次のページ

目標タイム **5**分	1回目 分 秒	2回目 分 秒	3回目 分 秒

1 (1)
$$x^2+x-3{\overline{\smash{\big)}\,-x^4+2x^2+8}}$$

$$
\begin{array}{r}
-x^2+x\ -2 \\
\underline{-x^4-x^3+3x^2} \\
x^3-\ x^2 \\
\underline{x^3+\ x^2-3x} \\
-2x^2+3x+8 \\
\underline{-2x^2-2x+6} \\
5x+2
\end{array}
$$

答　商　$-x^2+x-2$　余り $5x+2$

(2)
$$
\begin{array}{r}
a^2-2b^2 \\
a+b{\overline{\smash{\big)}\,a^3+ba^2-2b^2a}} \\
\underline{a^3+ba^2} \\
-2b^2a \\
\underline{-2b^2a-2b^3} \\
2b^3
\end{array}
$$

答　商 a^2-2b^2　余り $2b^3$

2 (1) $27a^3-b^3$
$=(3a)^3-b^3=(3a-b)\{(3a)^2+3a\cdot b+b^2\}$
$=(3a-b)(9a^2+3ab+b^2)$　　答　$(3a-b)(9a^2+3ab+b^2)$

(2) $x^3+6x^2+12x+8=x^3+3\cdot x^2\cdot 2+3\cdot x\cdot 2^2+2^3$
$=(x+2)^3$　　　　　　答　$(x+2)^3$

(3) $x^6-y^6=(x^3)^2-(y^3)^2$
$=(x^3+y^3)(x^3-y^3)$
$=(x+y)(x^2-xy+y^2)(x-y)(x^2+xy+y^2)$
$=(x+y)(x-y)(x^2+xy+y^2)(x^2-xy+y^2)$
答　$(x+y)(x-y)(x^2+xy+y^2)(x^2-xy+y^2)$

(4) $x^3+2x^2y+6xy+18y-27$
$=2y(x^2+3x+9)+(x^3-27)$
$=2y(x^2+3x+9)+(x-3)(x^2+3x+9)$
$=(x+2y-3)(x^2+3x+9)$　　答　$(x+2y-3)(x^2+3x+9)$

多項式の除法, 因数分解, 因数定理

ジャンプ！

1 ▶次の式を因数分解せよ。【1問15点】

(1)　x^3+x+2

(2)　$x^3+5x^2-4x-20$

(3)　$2x^3+x^2+3x-2$

(4)　$x(x+1)(x+2)(x+3)-24$

2 ▶次の問いに答えよ。【1問20点】

(1)　多項式 $P(x)=x^6-2x^2$ を $(x-1)(x-2)$ で割ったときの余りを求めよ。

(2)　多項式 $P(x)$ を $x+1$ で割ると1余り，$x-3$ で割ると9余る。$P(x)$ を $(x+1)(x-3)$ で割ったときの余りを求めよ。

答えは次のページ

点
点
点

目標タイム **6分** | 1回目　　分　　秒 | 2回目　　分　　秒 | 3回目　　分　　秒

1 (1) $P(x)=x^3+x+2$ とおくと，$P(-1)=(-1)^3+(-1)+2=0$ より $P(x)$
は $(x+1)$ で割り切れる。よって $P(x)=(x+1)(x^2-x+2)$

答 $(x+1)(x^2-x+2)$

(2) $P(x)=x^3+5x^2-4x-20$ とおくと $P(2)=2^3+5\cdot2^2-4\cdot2-20=0$
また $P(-2)=(-2)^3+5\cdot(-2)^2-4\cdot(-2)-20=0$
よって $P(x)=(x-2)(x+2)(x+5)$ 　　答 $(x-2)(x+2)(x+5)$

(3) $P(x)=2x^3+x^2+3x-2$ とおくと，
$P\left(\dfrac{1}{2}\right)=2\cdot\left(\dfrac{1}{2}\right)^3+\left(\dfrac{1}{2}\right)^2+3\cdot\dfrac{1}{2}-2=0$ より，$P(x)$ は $\left(x-\dfrac{1}{2}\right)$ で割り切れる。
よって $P(x)=\left(x-\dfrac{1}{2}\right)(2x^2+2x+4)=(2x-1)(x^2+x+2)$

答 $(2x-1)(x^2+x+2)$

(4) $P(x)=x(x+1)(x+2)(x+3)-24$ とおく。$4!=24$ に着目すると
$P(1)=1\cdot2\cdot3\cdot4-24=0$，$P(-4)=(-4)(-3)(-2)(-1)-24=0$ より，
$P(x)$ は $(x-1)(x+4)$ で割り切れる。$P(x)$ の x^4 の係数は 1 なので
$P(x)=(x-1)(x+4)(x^2+ax+b)$ とおくと，$P(0)=-4b=-24$，
$P(-1)=-6(1-a+b)=-24$
これを解いて，$a=3$，$b=6$
よって $P(x)=(x-1)(x+4)(x^2+3x+6)$ 　　答 $(x-1)(x+4)(x^2+3x+6)$

2 (1) $P(x)$ を $(x-1)(x-2)$ で割ったときの商を $Q(x)$，余りを $ax+b$ とお
くと $P(x)=(x-1)(x-2)Q(x)+ax+b$
このとき $P(1)=a+b=-1$，$P(2)=2a+b=56$
これより $a=57$，$b=-58$
よって $P(x)$ を $(x-1)(x-2)$ で割ったときの余りは $57x-58$

答 $57x-58$

(2) $P(x)$ を $(x+1)(x-3)$ で割ったときの商を $Q(x)$，余りを $ax+b$ とお
くと $P(x)=(x+1)(x-3)Q(x)+ax+b$
このとき $P(-1)=1$，$P(3)=9$ なので $-a+b=1$，$3a+b=9$
これより，$a=2$，$b=3$
よって $P(x)$ を $(x+1)(x-3)$ で割ったときの余りは $2x+3$ 　　答 $2x+3$

3限目 分数式

1 ▶次の計算をせよ。【1問25点】

(1) $\dfrac{x^3-1}{x^2-4} \times \dfrac{x^2-5x+6}{x^3-1} =$

(2) $\dfrac{-3x+2}{x^2-x} + \dfrac{5x}{x^2-1} =$

(3) $\dfrac{1}{\sqrt{3}-1} + \dfrac{2}{\sqrt{3}+1} =$

2 ▶次の問いに答えよ。【25点】

$\dfrac{x-2}{x^2+4x+3}$ を部分分数に分解せよ。

答えは次のページ

$\dfrac{Ax+B}{(x-a)(x-b)}$ $(a, b, A, B：定数, a \neq b)$
なら，必ず $\dfrac{p}{x-a} + \dfrac{q}{x-b}$ の形に分解
できる。

点

点

点

桜木MEMO

分数式をより簡単な分数式の和や差の形で表すことを
部分分数に分解するという。

目標タイム **6**分 ┃ 1回目　　分　　秒 ┃ 2回目　　分　　秒 ┃ 3回目　　分　　秒

1 (1) $\dfrac{x^3-1}{x^2-4}\times\dfrac{x^2-5x+6}{x^3-1}$

$= \dfrac{\cancel{(x^3-1)}(x^2-5x+6)}{(x^2-4)\cancel{(x^3-1)}}$

$= \dfrac{\cancel{(x-2)}(x-3)}{(x+2)\cancel{(x-2)}} = \dfrac{x-3}{x+2}$

(2) $\dfrac{-3x+2}{x^2-x}+\dfrac{5x}{x^2-1}$

$= \dfrac{-3x+2}{x(x-1)}+\dfrac{5x}{(x+1)(x-1)}$

$= \dfrac{(-3x+2)(x+1)+5x\cdot x}{x(x+1)(x-1)}$

$= \dfrac{2x^2-x+2}{x(x+1)(x-1)}$

$\left(=\dfrac{2x^2-x+2}{x^3-x}\ \text{と答えてもよい}\right)$

(3) $\dfrac{1}{\sqrt{3}-1}+\dfrac{2}{\sqrt{3}+1} = \dfrac{1\cdot(\sqrt{3}+1)+2\cdot(\sqrt{3}-1)}{(\sqrt{3}-1)(\sqrt{3}+1)}$

$= \dfrac{3\sqrt{3}-1}{3-1} = \dfrac{3\sqrt{3}-1}{2}$

2　$x^2+4x+3=(x+1)(x+3)$ なので，定数 p, q に対し

$\dfrac{x-2}{(x+1)(x+3)}=\dfrac{p}{x+1}+\dfrac{q}{x+3}$

とおく。両辺に $(x+1)(x+3)$ をかけて整理すると

$x-2=(p+q)x+(3p+q)$

よって　$\begin{cases}p+q=1\\3p+q=-2\end{cases}$　これを解いて　$p=-\dfrac{3}{2}$, $q=\dfrac{5}{2}$

答　$\dfrac{1}{2}\left(\dfrac{5}{x+3}-\dfrac{3}{x+1}\right)$

分数は小学生のときからダメだ。

それなら分数式の和と差を
中心に練習してみろ。
数学Ⅲでも役に立つぞ。

分数式
ホップ！ステップ！

★★★☆☆☆
1回目	月	日
2回目	月	日
3回目	月	日

☆ドラ桜語録 ☆

基礎学習が全ての根元でありまさに王道。まず基礎をしっかり固めるのが偏差値を上昇させる条件の一つだ。（第4巻）

▶次の計算をせよ。【(1)〜(4)，(6)，(7)各10点，(5)，(8)各20点】

(1) $\dfrac{x+1}{x^2-4} + \dfrac{x-3}{x^2+2x} =$

(2) $\dfrac{x-2}{(x+1)^2} - \dfrac{x-3}{x^2-1} =$

(3) $\dfrac{x^2-3x-4}{x^3-x} \times \dfrac{x^2-1}{x^2-4x} =$

(4) $\dfrac{x^3+1}{x^2+5x+6} \div \dfrac{x+1}{x^2-4} =$

(5) $\dfrac{x+1}{x-2} - \dfrac{2x}{x^2-1} + \dfrac{x-3}{x^2-x-2} =$

(6) $\dfrac{2}{1-\sqrt{5}} - \dfrac{1}{1+\sqrt{5}} =$

(7) $\dfrac{\sqrt{2}}{1+\sqrt{2}+\sqrt{3}} + \dfrac{\sqrt{2}}{1+\sqrt{2}-\sqrt{3}} =$

(8) $\dfrac{a^2}{(a-b)(a-c)} + \dfrac{b^2}{(b-c)(b-a)} + \dfrac{c^2}{(c-a)(c-b)} =$

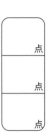

点

点

点

答えは次のページ 🖙

分数式

(1) $\dfrac{x+1}{x^2-4}+\dfrac{x-3}{x^2+2x}$

$=\dfrac{x+1}{(x+2)(x-2)}+\dfrac{x-3}{x(x+2)}$

$=\dfrac{(x+1)x+(x-3)(x-2)}{x(x+2)(x-2)}$

$=\dfrac{2x^2-4x+6}{x(x+2)(x-2)}$

(2) $\dfrac{x-2}{(x+1)^2}-\dfrac{x-3}{x^2-1}$

$=\dfrac{x-2}{(x+1)^2}-\dfrac{x-3}{(x+1)(x-1)}$

$=\dfrac{(x-2)(x-1)-(x-3)(x+1)}{(x+1)^2(x-1)}$

$=\dfrac{-x+5}{(x+1)^2(x-1)}$

(3) $\dfrac{x^2-3x-4}{x^3-x}\times\dfrac{x^2-1}{x^2-4x}$

$=\dfrac{(x-4)(x+1)\times(x^2-1)}{x(x^2-1)\times x(x-4)}$

$=\dfrac{x+1}{x^2}$

(4) $\dfrac{x^3+1}{x^2+5x+6}\div\dfrac{x+1}{x^2-4}$

$=\dfrac{(x+1)(x^2-x+1)\times(x+2)(x-2)}{(x+3)(x+2)\times(x+1)}$

$=\dfrac{(x-2)(x^2-x+1)}{x+3}$

(5) $\dfrac{x+1}{x-2}-\dfrac{2x}{x^2-1}+\dfrac{x-3}{x^2-x-2}=\dfrac{x+1}{x-2}-\dfrac{2x}{(x+1)(x-1)}+\dfrac{x-3}{(x+1)(x-2)}$

$=\dfrac{(x+1)(x^2-1)-2x(x-2)+(x-3)(x-1)}{(x+1)(x-1)(x-2)}$

$=\dfrac{x^3-x+2}{(x+1)(x-1)(x-2)}$

(6) $\dfrac{2}{1-\sqrt5}-\dfrac{1}{1+\sqrt5}$

$=\dfrac{2\cdot(1+\sqrt5)-1\cdot(1-\sqrt5)}{(1-\sqrt5)(1+\sqrt5)}$

$=-\dfrac{1+3\sqrt5}{4}$

(7) $\dfrac{\sqrt2}{1+\sqrt2+\sqrt3}+\dfrac{\sqrt2}{1+\sqrt2-\sqrt3}$

$=\dfrac{\sqrt2(1+\sqrt2-\sqrt3)+\sqrt2(1+\sqrt2+\sqrt3)}{(1+\sqrt2+\sqrt3)(1+\sqrt2-\sqrt3)}$

$=\dfrac{2\sqrt2(1+\sqrt2)}{(1+\sqrt2)^2-3}$

$=\dfrac{2\sqrt2(1+\sqrt2)}{3+2\sqrt2-3}=1+\sqrt2$

(8) $\dfrac{a^2}{(a-b)(a-c)}+\dfrac{b^2}{(b-c)(b-a)}+\dfrac{c^2}{(c-a)(c-b)}$

$=-\dfrac{a^2(b-c)+b^2(c-a)+c^2(a-b)}{(b-c)(c-a)(a-b)}$

分子 $=(b-c)a^2-(b^2-c^2)a+bc(b-c)$

$=(b-c)\{a^2-(b+c)a+bc\}$

$=(b-c)(a-c)(a-b)$

よって　与式 $=-\dfrac{(b-c)(a-c)(a-b)}{(b-c)(c-a)(a-b)}=1$

成績を上げるにはやはり地道な反復練習はかかせません

分数式 ジャンプ！

★★★★☆☆

1回目	月	日
2回目	月	日
3回目	月	日

$\boxed{1}$ ▶ $\alpha = \dfrac{\sqrt{7}+\sqrt{3}}{2}$, $\beta = \dfrac{\sqrt{7}-\sqrt{3}}{2}$ のとき，次を求めよ。

【1問10点】

(1) $\dfrac{1}{\alpha}+\dfrac{1}{\beta}$

(2) $\dfrac{\beta}{\alpha}+\dfrac{\alpha}{\beta}$

(3) $\dfrac{1}{\beta^2}-\dfrac{1}{\alpha^2}$

(4) $\dfrac{1}{\alpha+1}+\dfrac{1}{\beta+1}$

$\boxed{2}$ ▶ 次の式を部分分数に分解せよ。【1問15点】

(1) $\dfrac{1}{x^2-1}$

(2) $\dfrac{4x-9}{2x^2+5x-3}$

$\boxed{3}$ ▶ 次の計算をせよ。【1問15点】

(1) $\dfrac{1+\dfrac{2}{x+1}}{1+\dfrac{4}{x-1}}$

(2) $\dfrac{1}{1-\dfrac{1}{1+\dfrac{1}{1-x}}}$

点
点
点

答えは次のページ ☞

目標タイム 9分	1回目 分 秒	2回目 分 秒	3回目 分 秒

1　$\alpha+\beta=\sqrt{7}$, $\alpha-\beta=\sqrt{3}$, $\alpha\beta=\dfrac{(\sqrt{7})^2-(\sqrt{3})^2}{4}=1$

(1)　$\dfrac{1}{\alpha}+\dfrac{1}{\beta}=\dfrac{\beta+\alpha}{\alpha\beta}$

$\quad=\dfrac{\sqrt{7}}{1}=\sqrt{7}$

(2)　$\dfrac{\beta}{\alpha}+\dfrac{\alpha}{\beta}=\dfrac{\beta^2+\alpha^2}{\alpha\beta}$

$\quad=\dfrac{(\alpha+\beta)^2-2\alpha\beta}{1}$

$\quad=(\sqrt{7})^2-2\cdot1=5$

(3)　$\dfrac{1}{\beta^2}-\dfrac{1}{\alpha^2}=\dfrac{\alpha^2-\beta^2}{\beta^2\alpha^2}$

$=\dfrac{(\alpha+\beta)(\alpha-\beta)}{(\alpha\beta)^2}$

$=\dfrac{\sqrt{7}\cdot\sqrt{3}}{1^2}=\sqrt{21}$

(4)　$\dfrac{1}{\alpha+1}+\dfrac{1}{\beta+1}=\dfrac{(\beta+1)+(\alpha+1)}{(\alpha+1)(\beta+1)}$

$=\dfrac{(\alpha+\beta)+2}{\alpha\beta+(\alpha+\beta)+1}$

$=\dfrac{\sqrt{7}+2}{1+\sqrt{7}+1}=\dfrac{\sqrt{7}+2}{\sqrt{7}+2}=1$

2　(1)　$x^2-1=(x+1)(x-1)$ なので，定数 p, q を用いて

$\dfrac{1}{(x+1)(x-1)}=\dfrac{p}{x+1}+\dfrac{q}{x-1}$

とおく。両辺に $(x+1)(x-1)$ をかけて整理すると

$1=(p+q)x+(-p+q)$

よって $\begin{cases} p+q=0 \\ -p+q=1 \end{cases}$　これを解いて　$p=-\dfrac{1}{2}$, $q=\dfrac{1}{2}$

答　$\dfrac{1}{2}\left(\dfrac{1}{x-1}-\dfrac{1}{x+1}\right)$

(2)　$2x^2+5x-3=(2x-1)(x+3)$ なので，定数 p, q を用いて

$\dfrac{4x-9}{(2x-1)(x+3)}=\dfrac{p}{2x-1}+\dfrac{q}{x+3}$

とおく。両辺に $(2x-1)(x+3)$ をかけて整理すると

$4x-9=(p+2q)x+(3p-q)$

よって　$\begin{cases} p+2q=4 \\ 3p-q=-9 \end{cases}$　これを解いて　$p=-2$, $q=3$　　答　$\dfrac{3}{x+3}-\dfrac{2}{2x-1}$

3　(1)　与式 $=\dfrac{\dfrac{x+1+2}{x+1}}{\dfrac{x-1+4}{x-1}}=\dfrac{\dfrac{x+3}{x+1}}{\dfrac{x+3}{x-1}}=\dfrac{x+3}{x+1}\times\dfrac{x-1}{x+3}=\dfrac{x-1}{x+1}$　　答　$\dfrac{x-1}{x+1}$

(2)　与式 $=\dfrac{1}{1-\dfrac{1}{\dfrac{2-x}{1-x}}}=\dfrac{1}{1-\dfrac{1-x}{2-x}}=\dfrac{1}{\dfrac{1}{2-x}}=2-x$　　答　$2-x$

4限目 複素数

★☆☆☆☆☆

1回目	月	日
2回目	月	日
3回目	月	日

☆ドラ桜語録 ☆ テストを受ける時、一番大切なのはまず落ち着くこと！（第4巻）

1 ▶次の計算をせよ。ただし，ω は 1 の 3 乗根のうち，虚数である ものの 1 つとする。【1問15点】

(1) $(5+4i)-(7-3i)=$

(2) $\dfrac{2i}{1+i}=$

(3) $i+i^2+i^3=$

(4) $\omega^2+\omega^7+\omega^{15}=$

2 ▶次の方程式を解け。【1問20点】

(1) $x^2+2=0$

(2) $x^2+2x+4=0$

答えは次のページ 🡒

$\dfrac{1}{-i}$ は $-i$ ではなく i だぞ。 なぜだかよく間違えるところだ。

桜木MEMO

2 乗すると -1 になる数を考え，これを i で表し**虚数単位**という。 $a+bi$（a, b は実数）で表される数を**複素数**という。

	点
	点
	点

目標タイム **2** 分 | 1回目 　分　　秒 | 2回目 　分　　秒 | 3回目 　分　　秒

1 (1) $(5+4i)-(7-3i)$
$=5+4i-7+3i$
$=(5-7)+(4+3)i$
$=-2+7i$

(2) $\dfrac{2i}{1+i}=\dfrac{2i(1-i)}{(1+i)(1-i)}$
$=\dfrac{2i-2i^2}{1-i^2}$
$=\dfrac{2(i+1)}{2}$
$=1+i$

(3) $i+i^2+i^3$
$=i-1-i$
$=-1$

(4) $\omega^2+\omega^7+\omega^{15}$
$=\omega^2+\omega^{3\times2+1}+\omega^{3\times5}$
$=\omega^2+\omega+1$
$=0$
$\left(\begin{array}{l}\because\ \omega^3=1\ \blacktriangleright(\omega-1)(\omega^2+\omega+1)=0\\ \omega\neq1\ \text{より}\ \omega^2+\omega+1=0\end{array}\right)$

2 (1) $x^2+2=0$
$x^2=-2$
$x=\pm\sqrt{2}\,i$

(2) 解の公式より
$x=\dfrac{-1\pm\sqrt{1^2-1\cdot4}}{1}$
$=-1\pm\sqrt{-3}$
$=-1\pm\sqrt{3}\,i$

虚数なんて意味あるの？

もちろんだ。虚数の力はスゴイぞ！
大学で理系に進めば必ず役に立つ。

複素数
ホップ！ステップ！ジャンプ！

☆ドラ猫語録☆ 数学とは……ゲーム……遊びだ！（第2巻）

1 ▶次の計算をせよ。ただし，ω は1の3乗根のうち，虚数である ものの1つとする。【1問10点】

(1) $(8+2i)+(6-8i)=$　　　(2) $(-3+5i)(4-i)=$

(3) $(1+i)^4=$　　　(4) $\dfrac{4-2i}{i}=$

(5) $\dfrac{-1-2i}{3-2i}=$　　　(6) $(a+b)(a+b\omega)(a+b\omega^2)=$
$(a,\ b$ は定数)

2 ▶次の2次方程式を解け。【1問10点】

(1) $x^2+4=0$　　　(2) $3x^2+2x+3=0$

3 ▶a を実数の定数とする。次の2次方程式の解の種類を判別せ よ。【20点】

$$x^2-2(a+1)x+4=0$$

点
点
点

答えは次のページ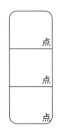

目標タイム **5分** ｜ 1回目　　分　　秒 ｜ 2回目　　分　　秒 ｜ 3回目　　分　　秒

複素数

ホップ・ステップ・ジャンプ 解答

1 (1) $(8+2i)+(6-8i)$
$=(8+6)+(2-8)i$
$=14-6i$

(2) $(-3+5i)(4-i)$
$=(-3)\cdot4+\{5\cdot4+(-3)\cdot(-1)\}i-5i^2$
$=-12+23i+5$
$=-7+23i$

(3) $(1+i)^4$
$=\{(1+i)^2\}^2$
$=(2i)^2$
$=-4$

(4) $\dfrac{4-2i}{i}=\dfrac{(4-2i)(-i)}{i(-i)}$
$=\dfrac{-4i-2}{1}$
$=-2-4i$

(5) $\dfrac{-1-2i}{3-2i}$
$=\dfrac{(-1-2i)(3+2i)}{(3-2i)(3+2i)}$
$=\dfrac{-3-6i-2i-4i^2}{9-4i^2}$
$=\dfrac{-3-8i+4}{9+4}=\dfrac{1-8i}{13}$

(6) $(a+b)(a+b\omega)(a+b\omega^2)$
$=(a+b)\{a^2+ab(\omega+\omega^2)+b^2\omega^3\}$
$=(a+b)(a^2-ab+b^2)$
$\qquad(\because\ 1+\omega+\omega^2=0,\ \ \omega^3=1)$
$=a^3+b^3$

2 (1) $x^2+4=0$
$x^2=-4$
$x=\pm2i$

(2) 解の公式より
$x=\dfrac{-1\pm\sqrt{1^2-3\cdot3}}{3}$
$=\dfrac{-1\pm\sqrt{-8}}{3}$
$=\dfrac{-1\pm2\sqrt{2}\,i}{3}$

3 $x^2-2(a+1)x+4=0$ の判別式を D とすると
$\dfrac{D}{4}=\{-(a+1)\}^2-1\cdot4=a^2+2a-3=(a+3)(a-1)$

$D>0$ すなわち $a<-3,\ 1<a$ のとき　　異なる 2 つの実数解
$D=0$ すなわち $a=-3,\ 1$ のとき　　　　重解
$D<0$ すなわち $-3<a<1$ のとき　　　　異なる 2 つの虚数解

5限目 高次方程式，分数方程式，無理方程式

★★★★★

1回目	月	日
2回目	月	日
3回目	月	日

☆ ドラ桜語録 ☆
処理能力とスピードをいかに身につけるか。そのための基礎トレーニングが計算と公式だ！（第2巻）

▶次の方程式を解け。【1問 50 点】

(1) $x^4 - 7x^2 - 18 = 0$

(2) $\sqrt{x+3} = x+1$

答えは次のページ ☞

グラフで考えるとわかりやすいことがある。
たとえば，(2)は $y=\sqrt{x+3}$ と $y=x+1$ の
交点の x 座標を求めているといえる。
ただし，数学Ⅲの範囲にはなるがな。

点
点
点

桜木MEMO

高次方程式を解くには因数分解だ。公式や因数定理，おきかえを
利用したり，式をうまくまとめたりして乗り切ろう。

目標タイム **5分** | 1回目 　　分　　秒 | 2回目 　　分　　秒 | 3回目 　　分　　秒

(1)　$x^4 - 7x^2 - 18 = 0$

$(x^2 - 9)(x^2 + 2) = 0$

$x^2 - 9 = 0$ と $x^2 + 2 = 0$ を解いて

$x = \pm 3,\ \pm \sqrt{2}\,i$

答　$x = \pm 3,\ \pm \sqrt{2}\,i$

(2)　$\sqrt{x+3} = x+1$ の両辺を2乗して

$x + 3 = (x+1)^2$

$x^2 + x - 2 = 0$

$(x+2)(x-1) = 0$

$x = -2,\ 1$

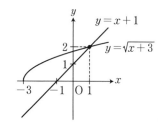

$x = -2$ のとき，もとの方程式において，左辺 $= 1$，右辺 $= -1$

よって $x = -2$ は解ではない。

$x = 1$ のとき，もとの方程式において，左辺 $=$ 右辺 $= 2$

よって $x = 1$ は解である。　　　　　　　　　　　答　$x = 1$

$\sqrt{}$ のある式は答えが余分に
出てくるから注意だな。

よくぞ気づいた。両辺を2乗すると余分な
ものが出るのだ。○＝△の両辺を2乗す
ると○²＝△²で，これには○＝－△という
関係も含まれる。

高次方程式，分数方程式，無理方程式

ホップ！ステップ！

★★★☆☆

1回目	月	日
2回目	月	日
3回目	月	日

☆ドラ桜語録☆ 基礎力だけなら時間は2ヵ月あれば十分鍛えられる。（第8巻）

▶次の方程式を解け。【(1)～(4)各 15 点，(5)，(6)各 20 点】

(1) $x^3 + 27 = 0$

(2) $x^3 - 6x^2 + 12x - 8 = 0$

(3) $x^3 - 3x^2 - 2x + 6 = 0$

(4) $x^4 + x^3 - 8x - 8 = 0$

(5) $x^4 - 6x^2 + 3x + 2 = 0$

(6) $x^4 - 2x^3 + x^2 - 9 = 0$

点
点
点

答えは次のページ

(1) 因数分解の公式より，
$$(x+3)(x^2-3x+9)=0$$
$x^2-3x+9=0$ を解いて
$$x=\frac{3\pm3\sqrt{3}\,i}{2}$$
答 $\boldsymbol{x=-3,\ \dfrac{3\pm3\sqrt{3}\,i}{2}}$

(2) 因数分解の公式より
$$(x-2)^3=0$$
よって $x=2$ 　　答 $\boldsymbol{x=2}$

(3) $\qquad x^3-3x^2-2x+6=0$
$$x(x^2-2)-3(x^2-2)=0$$
$$(x^2-2)(x-3)=0$$
$$x=\pm\sqrt{2}\,,\ 3$$
答 $\boldsymbol{x=\pm\sqrt{2}\,,\ 3}$
$\left(\begin{array}{l}\textbf{別解}\ \ x=3\ のとき，\\ 3^3-3\cdot3^2-2\cdot3+6=0\ により\\ (x-3)(x^2-2)=0\end{array}\right)$

(4) $P(x)=x^4+x^3-8x-8$ とおく
と，$P(-1)=0$ より
$$P(x)=(x+1)(x^3-8)$$
$$\qquad=(x+1)(x-2)(x^2+2x+4)$$
$x^2+2x+4=0$ を解いて $x=-1\pm\sqrt{3}\,i$
答 $\boldsymbol{x=-1,\ 2,\ -1\pm\sqrt{3}\,i}$
$\left(\begin{array}{l}\textbf{別解}\ \ x^3(x+1)-8(x+1)\\ \qquad=(x^3-8)(x+1)\end{array}\right)$

(5) $P(x)=x^4-6x^2+3x+2$ とおく
$P(1)=P(2)=0$ より
$$P(x)=(x-1)(x^3+x^2-5x-2)$$
$$\qquad=(x-1)(x-2)(x^2+3x+1)$$
$x^2+3x+1=0$ を解いて $x=\dfrac{-3\pm\sqrt{5}}{2}$
答 $\boldsymbol{x=1,\ 2,\ \dfrac{-3\pm\sqrt{5}}{2}}$

(6) $\qquad x^4-2x^3+x^2-9=0$
$$(x^2-x)^2-3^2=0$$
$$(x^2-x-3)(x^2-x+3)=0$$
$$x^2-x-3=0\ と\ x^2-x+3=0$$
を解いて $x=\dfrac{1\pm\sqrt{13}}{2},\ \dfrac{1\pm\sqrt{11}\,i}{2}$
答 $\boldsymbol{x=\dfrac{1\pm\sqrt{13}}{2},\ \dfrac{1\pm\sqrt{11}\,i}{2}}$

☆ ドラ桜語録 ☆ 最後に頼りになるのは基本。（第21巻）

▶次の方程式を解け。【1問 25 点】

(1) $\dfrac{3}{x+2} = 2x - 1$

(2) $\dfrac{2}{x+1} + \dfrac{1}{x+2} = -2$

(3) $\sqrt{2x+5} = 2x - 1$

(4) $\sqrt{x^2-1} = \dfrac{1}{2}(x+1)$

点

点

点

答えは次のページ

(1) $x \neq -2$ として

$$(2x-1)(x+2)=3$$
$$2x^2+3x-5=0$$
$$(x-1)(2x+5)=0$$
$$x=1, \ -\frac{5}{2}$$

答 $x=1, \ -\frac{5}{2}$

(2) $x \neq -1, \ -2$ として，両辺に $(x+1)(x+2)$ をかけると，

$$2(x+2)+(x+1)=-2(x+1)(x+2)$$
$$2x^2+9x+9=0$$
$$(x+3)(2x+3)=0$$
$$x=-3, \ -\frac{3}{2}$$

答 $x=-3, \ -\frac{3}{2}$

(3) $\sqrt{2x+5}=2x-1$
　　両辺を2乗して
$$2x+5=(2x-1)^2$$
$$4x^2-6x-4=0$$
$$(x-2)(2x+1)=0$$
$$x=2, \ -\frac{1}{2}$$

$x=-\frac{1}{2}$ のとき，もとの方程式において，

左辺 $=2$，右辺 $=-2$

よって $x=-\frac{1}{2}$ は解ではない。

　$x=2$ のとき，もとの方程式において，左辺 $=$ 右辺 $=3$

よって $x=2$ は解である。

答 $x=2$

(4) $\sqrt{x^2-1}=\dfrac{1}{2}(x+1)$
　　両辺を2乗して
$$x^2-1=\frac{1}{4}(x+1)^2$$
$$3x^2-2x-5=0$$
$$(x+1)(3x-5)=0$$
$$x=-1, \ \frac{5}{3}$$

$x=-1$ のとき，もとの方程式において，

左辺 $=$ 右辺 $=0$

よって $x=-1$ は解である。

　$x=\dfrac{5}{3}$ のとき，もとの方程式において，左辺 $=$ 右辺 $=\dfrac{4}{3}$

よって $x=\dfrac{5}{3}$ は解である。

答 $x=-1, \ \dfrac{5}{3}$

1 ▶次の値を計算せよ。【1問25点】

(1) $8^{-\frac{2}{3}} =$

(2) $4^{\frac{2}{3}} \times 8^{\frac{1}{2}} \div 2^{-\frac{1}{6}} =$

2 ▶次の方程式と不等式を解け。【1問25点】

(1) $2^x \geqq 4^{1-x}$

(2) $2^{2x} - 2^{x+2} = 2^5$

答えは次のページ

いろいろな底を含む指数の計算問題は、
まず底の素因数分解だ。

桜木MEMO

指数法則 $a > 0$, $b > 0$ と実数 r, s に対し

① $a^r \cdot a^s = a^{r+s}$　② $(a^r)^s = a^{rs}$　③ $(ab)^r = a^r b^r$

①′ $\dfrac{a^r}{a^s} = a^{r-s}$　③′ $\left(\dfrac{a}{b}\right)^r = \dfrac{a^r}{b^r}$

点

点

点

目標タイム 5分 | 1回目　分　秒 | 2回目　分　秒 | 3回目　分　秒

31

指数関数

1 (1) $8^{-\frac{2}{3}} = (2^3)^{-\frac{2}{3}}$

$\qquad\quad = 2^{-2}$

$\qquad\quad = \dfrac{1}{4}$

(2) $4^{\frac{2}{3}} \times 8^{\frac{1}{2}} \div 2^{-\frac{1}{6}} = 2^{\frac{4}{3}} \times 2^{\frac{3}{2}} \times 2^{\frac{1}{6}}$

$\qquad\qquad\qquad\qquad = 2^{\frac{4}{3}+\frac{3}{2}+\frac{1}{6}}$

$\qquad\qquad\qquad\qquad = 2^3$

$\qquad\qquad\qquad\qquad = 8$

2 (1) $2^x \geqq 4^{1-x}$

変形すると

$\qquad 2^x \geqq 2^{2(1-x)}$

底 2 は 1 より大きいから

$\qquad x \geqq 2(1-x) \; \blacktriangleright \; x \geqq \dfrac{2}{3}$

$\qquad\qquad\qquad$ 答　$x \geqq \dfrac{2}{3}$

(2) $t = 2^x$ とおくと

$\qquad t^2 - 4t - 32 = 0$

$\qquad (t-8)(t+4) = 0$

$\qquad t = 2^x > 0$ なので　$t = 8$

$\qquad 8 = 2^x$ より　$x = 3$

$\qquad\qquad\qquad$ 答　$x = 3$

$\sqrt{2}$ をなんでわざわざ $2^{\frac{1}{2}}$ なんて書くのさ？

指数法則が使いやすくなって，計算が楽になる。そこがミソだ。

指数関数

ホップ！ステップ！

★★★☆☆☆

1回目	月	日
2回目	月	日
3回目	月	日

▶次の値を計算せよ。【1問10点】

(1) $4^{-\frac{3}{2}} =$

(2) $27^{\frac{2}{3}} =$

(3) $25^{\frac{1}{2}+1} =$

(4) $9^{-\frac{5}{2}} =$

(5) $3^{\frac{3}{2}} \times \sqrt{27}^{\,-1} \times 9^{\frac{1}{2}} =$

(6) $2^3 \div 8^{\frac{3}{4}} \times 4^{-\frac{1}{8}} =$

(7) $\left(5^{\frac{1}{2}} \times 25^{-\frac{1}{3}}\right)^2 =$

(8) $2^{-\frac{3}{2}} \times 3^{\frac{1}{3}} \times 8^{\frac{1}{9}} \div 6^{\frac{4}{3}} =$

(9) $\sqrt[3]{18} \times \sqrt[3]{24} =$

(10) $\sqrt{32} \times 6^{\frac{2}{3}} \div 12^{\frac{1}{2}} =$

| |
| 点 |
| 点 |
| 点 |

答えは次のページ

☆ドラ桜語録☆ 成績を上げるには地道な反復練習が欠かせません。（第7巻）

ホップ・ステップ　解答

(1) $4^{-\frac{3}{2}} = (2^2)^{-\frac{3}{2}}$
$= 2^{-3} = \dfrac{1}{8}$

(2) $27^{\frac{2}{3}} = (3^3)^{\frac{2}{3}}$
$= 3^2 = 9$

(3) $25^{\frac{1}{2}+1} = (5^2)^{\frac{3}{2}}$
$= 5^3 = 125$

(4) $9^{-\frac{5}{2}} = (3^2)^{-\frac{5}{2}}$
$= 3^{-5} = \dfrac{1}{243}$

(5) $3^{\frac{3}{2}} \times \sqrt{27}^{-1} \times 9^{\frac{1}{2}}$
$= 3^{\frac{3}{2}} \times \left(3^{\frac{3}{2}}\right)^{-1} \times (3^2)^{\frac{1}{2}}$
$= 3^{\frac{3}{2}} \times 3^{-\frac{3}{2}} \times 3$
$= 3^{\frac{3}{2}-\frac{3}{2}+1} = 3$

(6) $2^3 \div 8^{\frac{3}{4}} \times 4^{-\frac{1}{8}}$
$= 2^3 \div (2^3)^{\frac{3}{4}} \times (2^2)^{-\frac{1}{8}}$
$= 2^3 \times 2^{-\frac{9}{4}} \times 2^{-\frac{1}{4}}$
$= 2^{3-\frac{9}{4}-\frac{1}{4}} = \sqrt{2}$

(7) $\left(5^{\frac{1}{2}} \times 25^{-\frac{1}{3}}\right)^2$
$= \left(5^{\frac{1}{2}} \times 5^{-\frac{2}{3}}\right)^2$
$= 5 \times 5^{-\frac{4}{3}}$
$= 5^{1-\frac{4}{3}} = \dfrac{1}{\sqrt[3]{5}}$

(8) $2^{-\frac{3}{2}} \times 3^{\frac{1}{3}} \times 8^{\frac{1}{9}} \div 6^{\frac{4}{3}}$
$= 2^{-\frac{3}{2}} \times 3^{\frac{1}{3}} \times (2^3)^{\frac{1}{9}} \div (2\times3)^{\frac{4}{3}}$
$= 2^{-\frac{3}{2}} \times 3^{\frac{1}{3}} \times 2^{\frac{1}{3}} \times 2^{-\frac{4}{3}} \times 3^{-\frac{4}{3}}$
$= 2^{-\frac{3}{2}+\frac{1}{3}-\frac{4}{3}} \times 3^{\frac{1}{3}-\frac{4}{3}}$
$= 2^{-\frac{5}{2}} \times 3^{-1} = \dfrac{1}{12\sqrt{2}}$

(9) $\sqrt[3]{18} \times \sqrt[3]{24}$
$= (2\times3^2)^{\frac{1}{3}} \times (2^3\times3)^{\frac{1}{3}}$
$= 2^{\frac{1}{3}+1} \times 3^{\frac{2}{3}+\frac{1}{3}}$
$= 2^{\frac{4}{3}} \times 3 = 6\sqrt[3]{2}$

(10) $\sqrt{32} \times 6^{\frac{2}{3}} \div 12^{\frac{1}{2}}$
$= (2^5)^{\frac{1}{2}} \times (2\times3)^{\frac{2}{3}} \div (2^2\times3)^{\frac{1}{2}}$
$= 2^{\frac{5}{2}} \times 2^{\frac{2}{3}} \times 3^{\frac{2}{3}} \times 2^{-1} \times 3^{-\frac{1}{2}}$
$= 2^{\frac{5}{2}+\frac{2}{3}-1} \times 3^{\frac{2}{3}-\frac{1}{2}}$
$= 2^{\frac{13}{6}} \times 3^{\frac{1}{6}} = 4\sqrt[6]{6}$

1 ▶次の方程式と不等式を解け。【(1)〜(4) 15 点，(5) 20 点】

(1) $27^{x-3} = 9^{2x+1}$

(2) $8 + 4^x = 3 \times 2^{x+1}$

(3) $3^{4x} + 9^x = 12$

(4) $4^{\frac{2}{3}x - \frac{1}{2}} - 2^{x+1} \geqq 0$

(5) $\dfrac{3^{2x+1} - 1}{2} > -3^x$

2 ▶ $x \leqq \dfrac{3}{2}$ のとき，関数 $y = 4^x - 2^{x+2} + 5$ のとり得る値の範囲を求めよ。【20 点】

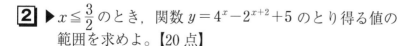

答えは次のページ

点
点
点

目標タイム **10** 分 | 1回目 　分　　秒 | 2回目 　分　　秒 | 3回目 　分　　秒 |

指数関数 ジャンプ 解答

1 (1) $27^{x-3} = 9^{2x+1}$
変形すると
$3^{3x-9} = 3^{4x+2}$
となるので
$3x-9 = 4x+2$
$x = -11$ <u>答 $x = -11$</u>

(2) $t = 2^x$ とおくと
$t^2 - 6t + 8 = 0$
$(t-2)(t-4) = 0$
$t = 2, \ 4$
$2 = 2^1, \ 4 = 2^2$ より
$x = 1, \ 2$ <u>答 $x = 1, \ 2$</u>

(3) $3^{4x} + 9^x = 12$
変形すると
$9^{2x} + 9^x - 12 = 0$
$t = 9^x$ とおくと
$t^2 + t - 12 = 0$
$(t-3)(t+4) = 0$
$t = 9^x > 0$ なので $t = 3$
$3 = 9^{\frac{1}{2}}$ より $x = \dfrac{1}{2}$ <u>答 $x = \dfrac{1}{2}$</u>

(4) $4^{\frac{2}{3}x - \frac{1}{2}} - 2^{x+1} \geqq 0$ より
$2^{\frac{4}{3}x - 1} \geqq 2^{x+1}$
底 2 は 1 より大きいから
$\dfrac{4}{3}x - 1 \geqq x + 1 \Rightarrow \dfrac{x}{3} \geqq 2$
よって $x \geqq 6$ <u>答 $x \geqq 6$</u>

(5) $t = 3^x$ とおくと
$\dfrac{3t^2 - 1}{2} > -t \Rightarrow 3t^2 + 2t - 1 > 0 \Rightarrow (t+1)(3t-1) > 0$
この t の 2 次不等式の解は $t < -1, \dfrac{1}{3} < t$ であるが,
$t = 3^x > 0$ なので $t > \dfrac{1}{3}$
よって $3^x > \dfrac{1}{3} = 3^{-1}$
底 3 は 1 よりも大きいから $x > -1$
<u>答 $x > -1$</u>

2 $t = 2^x$ とおくと, $y = t^2 - 4t + 5 = (t-2)^2 + 1$
底 2 は 1 より大きいから
$x \leqq \dfrac{3}{2}$ のとき, $0 < t \leqq 2\sqrt{2}$
この範囲のとき, この 2 次関数のグラフは
図の実線部分になるので, $1 \leqq y < 5$
<u>答 $1 \leqq y < 5$</u>

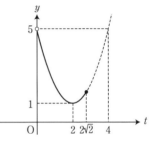

7限目

対数関数

★★★★☆☆

1回目	月	日
2回目	月	日
3回目	月	日

☆ドラ桜語録 ☆ 自分を信じろ！ 必ず勝つ！（第3巻）

1 ▶次の値を計算せよ。【1問20点】

(1) $\log_2 16 =$ 　　　　(2) $\log_4 8 =$

(3) $\log_2 15 - \log_2 10 + 2\log_2 6 =$

2 ▶次の方程式と不等式を解け。【1問20点】

(1) $\log_2(x+3) + \log_2(x-3) = 4$

(2) $\log_{\frac{1}{3}}(x-2) \geqq \log_9 \dfrac{1}{x}$

答えは次のページ

対数方程式では真数条件に注意。
2(1)では $x+3 > 0$, $x-3 > 0$
が真数条件だ。

桜木MEMO

対数の性質 $a>0$, $a \neq 1$, $M>0$, $N>0$ のとき

① $\log_a MN = \log_a M + \log_a N$ ② $\log_a \dfrac{M}{N} = \log_a M - \log_a N$ ③ $\log_a M^k = k\log_a M$

底の変換公式 $a>0$, $b>0$, $c>0$, $a \neq 1$, $b \neq 1$, $c \neq 1$ のとき

$\log_a b = \dfrac{\log_c b}{\log_c a}$, $\log_a b = \dfrac{1}{\log_b a}$

点
点
点

目標タイム 6分 | 1回目 分 秒 | 2回目 分 秒 | 3回目 分 秒

1 (1) $\log_2 16 = \log_2 2^4$
$= 4$

(2) $\log_4 8 = \dfrac{\log_2 8}{\log_2 4} = \dfrac{\log_2 2^3}{\log_2 2^2} = \dfrac{3}{2}$

(3) $\log_2 15 - \log_2 10 + 2\log_2 6$
$= \log_2(3\cdot5) - \log_2(2\cdot5) + 2\log_2(2\cdot3)$
$= \log_2 3 + \log_2 5 - (1 + \log_2 5) + 2(1 + \log_2 3) = 3\log_2 3 + 1$

2 (1) $\log_2(x+3) + \log_2(x-3) = 4$
真数は正であるから　$x+3>0,\ x-3>0$　　　よって $x>3$
方程式を変形して　$\log_2(x+3)(x-3) = \log_2 2^4$
よって　$(x+3)(x-3) = 16$ ➡ $x^2 - 9 = 16$ ➡ $x = \pm5$
$x > 3$ より　$x = 5$　　　　　　　　　　　　　　　　　　答　5

(2) $\log_{\frac{1}{3}}(x-2) \geqq \log_9 \dfrac{1}{x}$
真数は正であるから　$x-2>0,\ \dfrac{1}{x}>0$　　　よって　$x>2$
不等式を変形して　$\dfrac{\log_3(x-2)}{\log_3 \frac{1}{3}} \geqq \dfrac{\log_3 x^{-1}}{\log_3 9}$ ➡ $\log_3(x-2)^2 \leqq \log_3 x$
底 3 は 1 より大きいから
$(x-2)^2 \leqq x$ ➡ $x^2 - 5x + 4 \leqq 0$ ➡ $(x-4)(x-1) \leqq 0$
この不等式の解 $1 \leqq x \leqq 4$ と $x > 2$ との共通範囲をとって $2 < x \leqq 4$
答　$2 < x \leqq 4$

対数って実感が湧かないな。
結局何なの？

かけ算や割り算を足し算や引き算にする
計算テクニックだ。それからまた数学Ⅲ
の積分でも大活躍するぞ。

対数関数
ホップ！ステップ！

★★★☆☆☆
1回目　　月　　日
2回目　　月　　日
3回目　　月　　日

▶次の計算をせよ。【1問 10 点】

(1)　$\log_5 125 =$

(2)　$\log_3 3\sqrt{2} =$

(3)　$\log_{10} 0.05 =$

(4)　$\log_3 21 - \log_3 49 =$

(5)　$\log_8 1000 =$
（底が 2 の対数を用いて表せ）

(6)　$\log_{\frac{1}{9}} 27 =$

(7)　$\log_2 3 \cdot \log_3 5 \cdot \log_5 8 =$

(8)　$\log_7 98 + \dfrac{1}{\log_2 7} =$

(9)　$\log_9 \dfrac{15}{16} - \log_3 \dfrac{3}{4} =$
（底が 3 の対数を用いて表せ）

(10)　$\log_{\frac{1}{8}} 6 + \log_{64} \dfrac{1}{12} =$
（底が 2 の対数を用いて表せ）

	点
	点
	点

答えは次のページ

目標タイム 10分　1回目　　分　　秒　2回目　　分　　秒　3回目　　分　　秒

対数関数

(1)　$\log_5 125 = \log_5 5^3 = 3$

(2)　$\log_3 3\sqrt{2} = \log_3 3 + \log_3 \sqrt{2}$
　　$= 1 + \dfrac{1}{2}\log_3 2$

(3)　$\log_{10} 0.05 = \log_{10}\dfrac{5}{100} = \log_{10} 5 - 2$

(4)　$\log_3 21 - \log_3 49 = \log_3 3 + \log_3 7 - 2\log_3 7$
　　　　　　　　　　　　　$= 1 - \log_3 7$

(5)　$\log_8 1000 = \log_8 (10)^3 = 3\log_8 10 = 3 \times \dfrac{\log_2 10}{\log_2 8}$
　　$= \log_2 10 = \log_2 (2 \cdot 5) = 1 + \log_2 5$

(6)　$\log_{\frac{1}{9}} 27 = \dfrac{\log_3 27}{\log_3 \dfrac{1}{9}} = -\dfrac{3}{2}$

(7)　$\log_2 3 \cdot \log_3 5 \cdot \log_5 8 = \log_2 3 \cdot \dfrac{\log_2 5}{\log_2 3} \cdot \dfrac{\log_2 8}{\log_2 5} = \log_2 8 = 3$

(8)　$\log_7 98 + \dfrac{1}{\log_2 7} = \log_7 (7^2 \cdot 2) + \log_7 2 = 2 + \log_7 2 + \log_7 2$
　　　　　　　　　　　　　　$= 2 + 2\log_7 2$

(9)　$\log_9 \dfrac{15}{16} - \log_3 \dfrac{3}{4} = \dfrac{\log_3 \dfrac{15}{16}}{\log_3 9} - \log_3 \dfrac{3}{4}$
　　$= \dfrac{1}{2}\{\log_3 (3 \cdot 5) - \log_3 2^4\} - (\log_3 3 - \log_3 2^2)$
　　$= \dfrac{1}{2}(1 + \log_3 5 - 4\log_3 2) - (1 - 2\log_3 2) = -\dfrac{1}{2} + \dfrac{1}{2}\log_3 5$

(10)　$\log_{\frac{1}{8}} 6 + \log_{64} \dfrac{1}{12} = \dfrac{\log_2 2 + \log_2 3}{\log_2 \dfrac{1}{8}} + \dfrac{\log_2 1 - \log_2 12}{\log_2 64}$
　　$= -\dfrac{1}{3}(1 + \log_2 3) + \dfrac{1}{6}(-2 - \log_2 3) = -\dfrac{2}{3} - \dfrac{1}{2}\log_2 3$

▶次の方程式と不等式を解け。【1問 25 点】

(1) $\log_3(x+1)+\log_3(x-1)=2$

(2) $\log_5\dfrac{x}{5}=\log_x 25$

(3) $\log_5(2x-1)+\log_5(x+2)>2$

(4) $\log_3\dfrac{x}{27}\leqq\log_9\dfrac{x}{81}$

点
点
点

答えは次のページ

目標タイム **8**分 1回目　分　秒 2回目　分　秒 3回目　分　秒

ドラ桜語録　当たり前のことを当たり前にできるようになる、そうなるだけでも相当な努力が必要だと思え。（第8巻）

(1) $\log_3(x+1)+\log_3(x-1)=2$

　　真数は正であるから　$x+1>0$,　$x-1>0$　　よって　$x>1$

　　方程式を変形して　$\log_3(x+1)(x-1)=\log_3 3^2$

　　よって　$(x+1)(x-1)=9 \Rightarrow x^2-10=0 \Rightarrow x=\pm\sqrt{10}$

　　$x>1$ より　$x=\sqrt{10}$　　　　　　　　　　　　　　　　答　$\sqrt{10}$

(2) $\log_5 \dfrac{x}{5}=\log_x 25$

　　真数は正であるから　$x>0$,

　　また x は底になっているので　$x \neq 1$

　　方程式を変形して

　　　　$\log_5 x-1=\dfrac{\log_5 25}{\log_5 x} \Rightarrow \log_5 x-1=\dfrac{2}{\log_5 x}$

　　$t=\log_5 x$ とおくと

　　　　$t-1=\dfrac{2}{t} \Rightarrow t^2-t-2=0 \Rightarrow (t-2)(t+1)=0$

　　$t=2$,　-1 から $x=25$,　$\dfrac{1}{5}$

　　これは $x>0$,　$x \neq 1$ を満たす。　　　　　　　　答　25,　$\dfrac{1}{5}$

(3) $\log_5(2x-1)+\log_5(x+2)>2$

　　真数は正であるから　$x>\dfrac{1}{2}$,　$x>-2$　　よって　$x>\dfrac{1}{2}$

　　不等式を変形して　$\log_5(2x-1)(x+2)>\log_5 25$

　　底 5 は 1 より大きいから

　　　　$(2x-1)(x+2)>25 \Rightarrow 2x^2+3x-27>0 \Rightarrow (x-3)(2x+9)>0$

　　この不等式の解 $x<-\dfrac{9}{2}$, $3<x$ と $x>\dfrac{1}{2}$ との共通範囲をとって $x>3$

　　　　　　　　　　　　　　　　　　　　　　　　　　　　答　$x>3$

(4) $\log_3 \dfrac{x}{27} \leqq \log_9 \dfrac{x}{81}$

　　真数は正であるから　$x>0$

　　もとの不等式を変形して

　　　　$\log_3 x-3 \leqq \log_9 x-2 \Rightarrow \log_3 x-3 \leqq \dfrac{1}{2}\log_3 x-2 \Rightarrow \dfrac{1}{2}\log_3 x \leqq 1$

　　　　　　　　　　　　　$\Rightarrow \log_3 x \leqq 2 \Rightarrow \log_3 x \leqq \log_3 3^2$

　　底 3 は 1 より大きく，また $x>0$ なので

　　　　$0<x \leqq 9$　　　　　　　　　　　　　　　　　答　$0<x \leqq 9$

1 ▶次の値を求めよ。【1問25点】

(1) $\sin \dfrac{\pi}{4} =$

(2) $\cos \dfrac{5}{12}\pi =$

(3) $\tan \dfrac{\pi}{8} =$

2 ▶$\sin 4x \cos x$ を2つの三角関数の和の形に直せ。【25点】

 答えは次のページ

タンジェントの加法定理（「＋」の方）は
「1マイナス タンタン分のタンプラスタン」
とおぼえておけ。

桜木MEMO

三角関数の加法定理

$\sin(\alpha \pm \beta) = \sin \alpha \cos \beta \pm \cos \alpha \sin \beta$ 　　$\tan(\alpha \pm \beta) = \dfrac{\tan \alpha \pm \tan \beta}{1 \mp \tan \alpha \tan \beta}$

$\cos(\alpha \pm \beta) = \cos \alpha \cos \beta \mp \sin \alpha \sin \beta$

（いずれも複号同順）

倍角の公式

$\sin 2\theta = 2\sin \theta \cos \theta$ 　　$\tan 2\theta = \dfrac{2\tan \theta}{1 - \tan^2 \theta}$

$\cos 2\theta = \cos^2 \theta - \sin^2 \theta = 2\cos^2 \theta - 1 = 1 - 2\sin^2 \theta$

半角の公式

$\sin^2 \dfrac{\theta}{2} = \dfrac{1 - \cos \theta}{2}$ 　　$\cos^2 \dfrac{\theta}{2} = \dfrac{1 + \cos \theta}{2}$ 　　$\tan^2 \dfrac{\theta}{2} = \dfrac{1 - \cos \theta}{1 + \cos \theta}$

点
点
点

目標タイム **4**分 | 1回目 　分 　秒 | 2回目 　分 　秒 | 3回目 　分 　秒 |

三角関数 (1)

1 (1) $\sin\dfrac{\pi}{4} = \dfrac{1}{\sqrt{2}}\left(\text{または}\ \dfrac{\sqrt{2}}{2}\right)$

(2) $\cos\dfrac{5}{12}\pi = \cos\left(\dfrac{\pi}{4} + \dfrac{\pi}{6}\right)$

$\qquad\qquad = \cos\dfrac{\pi}{4}\cos\dfrac{\pi}{6} - \sin\dfrac{\pi}{4}\sin\dfrac{\pi}{6}$

$\qquad\qquad = \dfrac{\sqrt{2}}{2}\cdot\dfrac{\sqrt{3}}{2} - \dfrac{\sqrt{2}}{2}\cdot\dfrac{1}{2} = \dfrac{\sqrt{6}-\sqrt{2}}{4}$

(3) $\dfrac{\pi}{8} = \dfrac{1}{2}\cdot\dfrac{\pi}{4}$ より

$\qquad \tan^2\dfrac{\pi}{8} = \dfrac{1-\cos\dfrac{\pi}{4}}{1+\cos\dfrac{\pi}{4}} = \dfrac{1-\dfrac{1}{\sqrt{2}}}{1+\dfrac{1}{\sqrt{2}}} = \dfrac{\sqrt{2}-1}{\sqrt{2}+1} = (\sqrt{2}-1)^2$

$0 < \dfrac{\pi}{8} < \dfrac{\pi}{2}$ より $\tan\dfrac{\pi}{8} > 0$

よって $\tan\dfrac{\pi}{8} = \sqrt{(\sqrt{2}-1)^2} = \sqrt{2}-1$

2 $\qquad \sin(4x+x) = \sin 4x\cos x + \cos 4x\sin x$

$+\ )\ \sin(4x-x) = \sin 4x\cos x - \cos 4x\sin x$

$\overline{\sin 5x + \sin 3x = 2\sin 4x\cos x}$

よって $\sin 4x\cos x = \dfrac{1}{2}(\sin 5x + \sin 3x)$

三角関数の積を和の形に
する公式は，数学Ⅱでは
習わないの？

ああ，数学Ⅱでは発展事項で，習うのは数学Ⅲだな。
三角関数の積分をするときに必要になるんだ。
でも，加法定理を2つ使うとすぐにわかるぞ。

三角関数(1)
ホップ！ ステップ！

★★★★★★★
1回目　月　日
2回目　月　日
3回目　月　日

ドラ桜語録 ☆ いいか！ 文章問題は長い方から解けっ！（第2巻）

1 ▶次の値を求めよ。【1問 10点】

(1)　$\sin \dfrac{4}{3}\pi =$

(2)　$\cos \dfrac{3}{2}\pi =$

(3)　$\tan\left(-\dfrac{3}{4}\pi\right) =$

(4)　$\sin \dfrac{7}{12}\pi =$

(5)　$\cos \dfrac{\pi}{12} =$

(6)　$\sin \dfrac{\pi}{8} =$

2 ▶$\sin x = \dfrac{4}{5}$ のとき，次の値を求めよ。ただし，$0 \leqq x \leqq \dfrac{\pi}{2}$ とする。
【1問 10点】

(1)　$\sin 2x$

(2)　$\sin \dfrac{x}{2}$

(3)　$\cos 2x$

(4)　$\tan \dfrac{x}{2}$

点

点

点

答えは次のページ

1 (1) $\sin \dfrac{4}{3}\pi = -\sin \dfrac{\pi}{3}$

$\qquad = -\dfrac{\sqrt{3}}{2}$

(2) $\cos \dfrac{3}{2}\pi = -\cos \dfrac{\pi}{2}$

$\qquad = 0$

(3) $\tan\left(-\dfrac{3}{4}\pi\right) = -\tan \dfrac{3}{4}\pi$

$\qquad = -(-1)$

$\qquad = 1$

(4) $\sin \dfrac{7}{12}\pi = \sin\left(\dfrac{\pi}{4}+\dfrac{\pi}{3}\right)$

$\qquad = \sin \dfrac{\pi}{4}\cos \dfrac{\pi}{3} + \cos \dfrac{\pi}{4}\sin \dfrac{\pi}{3}$

$\qquad = \dfrac{\sqrt{2}}{2}\cdot\dfrac{1}{2} + \dfrac{\sqrt{2}}{2}\cdot\dfrac{\sqrt{3}}{2}$

$\qquad = \dfrac{\sqrt{2}+\sqrt{6}}{4}$

(5) $\cos \dfrac{\pi}{12} = \cos\left(\dfrac{\pi}{3}-\dfrac{\pi}{4}\right) = \cos \dfrac{\pi}{3}\cos \dfrac{\pi}{4} + \sin \dfrac{\pi}{3}\sin \dfrac{\pi}{4}$

$\qquad = \dfrac{1}{2}\cdot\dfrac{\sqrt{2}}{2} + \dfrac{\sqrt{3}}{2}\cdot\dfrac{\sqrt{2}}{2} = \dfrac{\sqrt{2}+\sqrt{6}}{4}$

(6) $\sin^2 \dfrac{\pi}{8} = \dfrac{1-\cos \dfrac{\pi}{4}}{2} = \dfrac{2-\sqrt{2}}{4}$

$0 < \dfrac{\pi}{8} < \pi$ より $\sin \dfrac{\pi}{8} > 0$ よって $\sin \dfrac{\pi}{8} = \dfrac{\sqrt{2-\sqrt{2}}}{2}$

2 (1) $\cos^2 x = 1 - \sin^2 x = \dfrac{9}{25}$

$0 \leqq x \leqq \dfrac{\pi}{2}$ より $\cos x \geqq 0$ よって $\cos x = \dfrac{3}{5}$

$\sin 2x = 2\sin x \cos x = 2\cdot\dfrac{4}{5}\cdot\dfrac{3}{5} = \dfrac{24}{25}$

(2) $\sin^2 \dfrac{x}{2} = \dfrac{1-\cos x}{2} = \dfrac{1}{5}$

$0 \leqq x \leqq \dfrac{\pi}{2}$ より $\sin \dfrac{x}{2} \geqq 0$ よって $\sin \dfrac{x}{2} = \dfrac{1}{\sqrt{5}}\left(=\dfrac{\sqrt{5}}{5}\right)$

(3) $\cos 2x = \cos^2 x - \sin^2 x = \dfrac{9}{25} - \dfrac{16}{25} = -\dfrac{7}{25}$

(4) $\tan^2 \dfrac{x}{2} = \dfrac{1-\cos x}{1+\cos x} = \dfrac{1}{4}$

$0 \leqq \dfrac{x}{2} \leqq \dfrac{\pi}{4}$ より $\tan \dfrac{x}{2} \geqq 0$ よって $\tan \dfrac{x}{2} = \dfrac{1}{2}$

三角関数⑴

★★★★★★

☆ドラ桜語録☆
数学の問題文を読みながら数式へと翻訳する作業を意識しながら解く癖をつけるのだ。(第10巻)

1 ▶次の式を簡単にせよ。【1問20点】

(1)　$\cos^2 \dfrac{\alpha}{2} - \dfrac{\cos \alpha}{2} =$

(2)　$(\sin x + \cos 2x)^2 + (\cos x - \sin 2x)^2 =$

2 ▶次の式を三角関数の和の形に直せ。【1問20点】

(1)　$\cos 3x \sin x$

(2)　$\cos 2x \cos 3x$

3 ▶ xy 平面上において，2直線 $y = 5x$，$y = \dfrac{2}{3}x$ のなす角 α を求めよ。ただし，$0 \le \alpha \le \dfrac{\pi}{2}$ とする。【20点】

点

点

点

答えは次のページ☞

1 (1)　$\cos^2\dfrac{\alpha}{2} = \dfrac{1+\cos\alpha}{2}$ より

$$\cos^2\dfrac{\alpha}{2} - \dfrac{\cos\alpha}{2} = \dfrac{1+\cos\alpha}{2} - \dfrac{\cos\alpha}{2} = \dfrac{1}{2}$$

(2)　$(\sin x + \cos 2x)^2 + (\cos x - \sin 2x)^2$

$= \sin^2 x + 2\sin x\cos 2x + \cos^2 2x + \cos^2 x - 2\cos x\sin 2x + \sin^2 2x$

$\fallingdotseq 2 + 2(\sin x\cos 2x - \cos x\sin 2x) = 2 + 2\sin(x-2x)$

$= \mathbf{2 - 2\sin x}$

2 (1)　$\sin(3x+x) = \sin 3x\cos x + \cos 3x\sin x$

$\underline{-)\ \sin(3x-x) = \sin 3x\cos x - \cos 3x\sin x}$

$\sin 4x - \sin 2x = \qquad\qquad 2\cos 3x\sin x$

よって　$\cos 3x\sin x = \dfrac{1}{2}(\sin 4x - \sin 2x)$

(2)　$\cos(2x+3x) = \cos 2x\cos 3x - \sin 2x\sin 3x$

$\underline{+)\ \cos(2x-3x) = \cos 2x\cos 3x + \sin 2x\sin 3x}$

$\cos 5x + \cos(-x) = 2\cos 2x\cos 3x$

$\cos(-x) = \cos x$なので　$\cos 2x\cos 3x = \dfrac{1}{2}(\cos 5x + \cos x)$

3　直線 $y = 5x$ と $y = \dfrac{2}{3}x$ が x 軸の正の部分となす角をそれぞれ θ_1，θ_2とする。

このとき，　$\tan\theta_1 = 5$，$\tan\theta_2 = \dfrac{2}{3}$，$\alpha = \theta_1 - \theta_2$ なので，

$\tan\alpha = \tan(\theta_1 - \theta_2)$

$= \dfrac{\tan\theta_1 - \tan\theta_2}{1 + \tan\theta_1\tan\theta_2}$

$= \dfrac{5 - \dfrac{2}{3}}{1 + 5\cdot\dfrac{2}{3}} = \dfrac{\dfrac{13}{3}}{\dfrac{13}{3}} = 1$

$0 \le \alpha \le \dfrac{\pi}{2}$ なので，$\alpha = \dfrac{\pi}{4}$

☆ドラ桜語録☆ 勝負には周到な準備と戦いに向かう気構えが必要なのだ。(第4巻)

1 ▶ $0 \leqq x < 2\pi$ のとき，次の方程式と不等式を解け。【1問25点】

(1) $2\sin^2 x - 5\sin x + 2 = 0$

(2) $\cos 2x - 5\sin x + 2 \leqq 0$

2 ▶ $0 \leqq x < 2\pi$ のとき，次の関数の最大値，最小値とそれらをとる x の値を求めよ。【1問25点】

(1) $y = \sin^2 x + \sin x + 1$

(2) $y = \sqrt{3}\cos x + \sin x$

答えは次のページ

$\sin x = t$ などと置き換えたら，
$-1 \leqq t \leqq 1$ をわすれるなよ。

桜木MEMO

三角関数の合成

$a\sin\theta + b\cos\theta = \sqrt{a^2+b^2}\sin(\theta+\alpha)$

(ただし，$\sin\alpha = \dfrac{b}{\sqrt{a^2+b^2}}$, $\cos\alpha = \dfrac{a}{\sqrt{a^2+b^2}}$)

点

点

点

目標タイム **8分** | 1回目 　分　秒 | 2回目 　分　秒 | 3回目 　分　秒

三角関数(2)

1 (1) $t = \sin x$ とおくと $2t^2 - 5t + 2 = 0 \Rightarrow (t-2)(2t-1) = 0 \Rightarrow t = 2, \frac{1}{2}$

$0 \leqq x < 2\pi$ なので $-1 \leqq t \leqq 1$ より $t = \frac{1}{2}$

よって，$\sin x = \frac{1}{2}$ より 答 $x = \frac{\pi}{6}, \frac{5}{6}\pi$

(2) $\cos 2x - 5\sin x + 2 = 1 - 2\sin^2 x - 5\sin x + 2 \leqq 0$

$t = \sin x$ とおくと $(t+3)(2t-1) \geqq 0 \Rightarrow t \leqq -3, \frac{1}{2} \leqq t$

$0 \leqq x < 2\pi$ なので $-1 \leqq t \leqq 1$ より $\frac{1}{2} \leqq t \leqq 1$

よって，$\frac{1}{2} \leqq \sin x \leqq 1$ より 答 $\frac{\pi}{6} \leqq x \leqq \frac{5}{6}\pi$

2 (1) $t = \sin x$ とおくと $0 \leqq x < 2\pi$ より $-1 \leqq t \leqq 1$

$y = t^2 + t + 1 = \left(t + \frac{1}{2}\right)^2 + \frac{3}{4}$

この関数のグラフは図の実線部分となるので

$t = 1$ すなわち $x = \frac{\pi}{2}$ のとき **最大値3**

$t = -\frac{1}{2}$ すなわち $x = \frac{7}{6}\pi, \frac{11}{6}\pi$ のとき **最小値$\frac{3}{4}$**

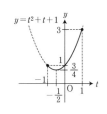

(2) 図より $y = \sqrt{3}\cos x + \sin x = 2\sin\left(x + \frac{\pi}{3}\right)$

$\frac{\pi}{3} \leqq x + \frac{\pi}{3} < \frac{7}{3}\pi$ なので

$x + \frac{\pi}{3} = \frac{\pi}{2}$ すなわち $x = \frac{\pi}{6}$ のとき **最大値2**

$x + \frac{\pi}{3} = \frac{3}{2}\pi$ すなわち $x = \frac{7}{6}\pi$ のとき **最小値-2**

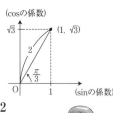

三角関数の合成って，ヤだな。

公式中の角 α と係数は
点 (a, b) と原点を結べば
すぐにわかるぞ。

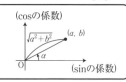

三角関数(2)
ホップ! ステップ!

★★★★☆☆

1回目	月	日
2回目	月	日
3回目	月	日

▶ $0 \leqq x < 2\pi$ のとき，次の方程式と不等式を解け。【1問25点】

(1) $2\cos^2 x - \sqrt{3}\cos x - 3 = 0$

(2) $2\cos^2 x + 5\sin x < 4$

(3) $\sin 2x + \cos x = 0$

(4) $\cos x - 3\cos\dfrac{x}{2} + 2 > 0$

点
点
点

答えは次のページ

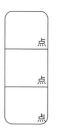

ドラ桜語録 ☆

問題とは……天から降ってくるものではなく、人間が考えて解く人のために作るのだ。（第2巻）

(1) $t = \cos x$ とおくと

$$2t^2 - \sqrt{3}\,t - 3 = 0$$
$$(2t + \sqrt{3})(t - \sqrt{3}) = 0$$
$$t = -\frac{\sqrt{3}}{2},\ \sqrt{3}$$

$0 \leqq x < 2\pi$ なので $-1 \leqq t \leqq 1$ より $t = -\dfrac{\sqrt{3}}{2}$

よって，$\cos x = -\dfrac{\sqrt{3}}{2}$ より $x = \dfrac{5}{6}\pi,\ \dfrac{7}{6}\pi$

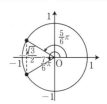

(2) $\cos^2 x = 1 - \sin^2 x$ より，$t = \sin x$ とおくと

$$2 - 2t^2 + 5t < 4$$
$$(2t - 1)(t - 2) > 0$$
$$t < \frac{1}{2},\ 2 < t$$

$0 \leqq x < 2\pi$ なので $-1 \leqq t \leqq 1$ より $-1 \leqq t < \dfrac{1}{2}$

よって，$-1 \leqq \sin x < \dfrac{1}{2}$ より $0 \leqq x < \dfrac{\pi}{6},\ \dfrac{5}{6}\pi < x < 2\pi$

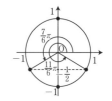

(3) $\sin 2x = 2 \sin x \cos x$ より

$$\sin 2x + \cos x = \cos x (2 \sin x + 1) = 0$$
$$\cos x = 0\ \text{または}\ \sin x = -\frac{1}{2}$$

$0 \leqq x < 2\pi$ なので $x = \dfrac{\pi}{2},\ \dfrac{7}{6}\pi,\ \dfrac{3}{2}\pi,\ \dfrac{11}{6}\pi$

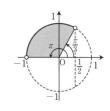

(4) $\cos x = 2 \cos^2 \dfrac{x}{2} - 1$ より，$t = \cos \dfrac{x}{2}$ とおくと

$$2t^2 - 3t + 1 > 0$$
$$(2t - 1)(t - 1) > 0$$
$$t < \frac{1}{2},\ 1 < t$$

$0 \leqq \dfrac{x}{2} < \pi$ より，$-1 < t \leqq 1$ なので $-1 < t < \dfrac{1}{2}$

よって，$-1 < \cos \dfrac{x}{2} < \dfrac{1}{2}$ より

$$\frac{\pi}{3} < \frac{x}{2} < \pi$$

よって，$\dfrac{2}{3}\pi < x < 2\pi$

三角関数(2)
ジャンプ！

★★★★☆
1回目	月	日
2回目	月	日
3回目	月	日

▶ $0 \leqq x < 2\pi$ のとき，次の関数の最大値，最小値とそれらを
とる x の値を求めよ。【1問25点】

(1) $y = \tan^2 \dfrac{x}{4} - 2\sqrt{3} \tan \dfrac{x}{4} + 2$

(2) $y = \sin x - \cos x + 1$

(3) $y = \sin^2 x + 2\sqrt{3} \sin x \cos x + 7 \cos^2 x$

(4) $y = \sin\left(\dfrac{x}{2} - \dfrac{\pi}{6}\right) + \cos \dfrac{x}{2}$

☆ドラ桜語録☆ どんな得意科目でもしばらく勉強していないと感覚が鈍ってきます。計算力なんてその典型…練習しなくなった途端にスピードと正確性が落ちてくる。（第19巻）

	点
	点
	点

答えは次のページ 👉

目標タイム **10分** | 1回目　　分　　秒 | 2回目　　分　　秒 | 3回目　　分　　秒 |

(1)　$t = \tan \dfrac{x}{4}$ とおくと，$0 \leqq \dfrac{x}{4} < \dfrac{\pi}{2}$ より　$t \geqq 0$

$\quad y = t^2 - 2\sqrt{3}\,t + 2 = (t - \sqrt{3})^2 - 1$

$\quad$ この関数のグラフは図のようになるので　**最大値なし**

$\quad t = \sqrt{3}$ すなわち $x = \dfrac{4}{3}\pi$ のとき　**最小値 -1**

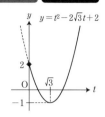

(2)　図より

$$y = \sin x - \cos x + 1 = \sqrt{2}\,\sin\left(x - \dfrac{\pi}{4}\right) + 1$$

$\quad -\dfrac{\pi}{4} \leqq x - \dfrac{\pi}{4} < \dfrac{7}{4}\pi$ なので

$\quad x - \dfrac{\pi}{4} = \dfrac{\pi}{2}$ すなわち $x = \dfrac{3}{4}\pi$ のとき　**最大値 $\sqrt{2} + 1$**

$\quad x - \dfrac{\pi}{4} = \dfrac{3}{2}\pi$ すなわち $x = \dfrac{7}{4}\pi$ のとき　**最小値 $-\sqrt{2} + 1$**

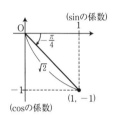

(3)　$y = \sin^2 x + 2\sqrt{3}\,\sin x \cos x + 7\cos^2 x$

$\quad = \dfrac{1 - \cos 2x}{2} + \sqrt{3}\,\sin 2x + 7 \cdot \dfrac{1 + \cos 2x}{2}$

$\quad = \sqrt{3}\,\sin 2x + 3\cos 2x + 4$

$\quad = 2\sqrt{3}\,\sin\left(2x + \dfrac{\pi}{3}\right) + 4$　（∵ 図より）

$\quad \dfrac{\pi}{3} \leqq 2x + \dfrac{\pi}{3} < \dfrac{13}{3}\pi$ なので

$\quad 2x + \dfrac{\pi}{3} = \dfrac{\pi}{2},\ \dfrac{5}{2}\pi$ すなわち $x = \dfrac{\pi}{12},\ \dfrac{13}{12}\pi$ のとき最大値 $4 + 2\sqrt{3}$

$\quad 2x + \dfrac{\pi}{3} = \dfrac{3}{2}\pi,\ \dfrac{7}{2}\pi$ すなわち $x = \dfrac{7}{12}\pi,\ \dfrac{19}{12}\pi$ のとき最小値 $4 - 2\sqrt{3}$

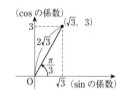

(4)　$\theta = \dfrac{x}{2}$ とおくと　$0 \leqq \theta < \pi$

$\quad y = \sin\theta\cos\dfrac{\pi}{6} - \cos\theta\sin\dfrac{\pi}{6} + \cos\theta$

$\quad = \dfrac{\sqrt{3}}{2}\sin\theta + \dfrac{1}{2}\cos\theta$

$\quad = \sin\left(\theta + \dfrac{\pi}{6}\right)$　（∵ 右の図より）

$\quad \dfrac{\pi}{6} \leqq \theta + \dfrac{\pi}{6} < \dfrac{7}{6}\pi$ なので

$\quad \theta + \dfrac{\pi}{6} = \dfrac{\pi}{2}$ すなわち $x = \dfrac{2}{3}\pi$ のとき　**最大値 1**

$\quad$ **最小値なし**

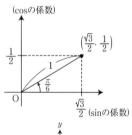

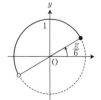

☆ドラ桜語録☆ やる人間はやるが、やらない人間はやらない。（第7巻）

▶ 3次関数 $f(x) = x^3 - 3x + 1$ について，次の問いに答えよ。

【(1) 20点，(2)，(3)各40点】

(1) $y = f(x)$ を微分せよ。

(2) xy 平面上において，$y = f(x)$ のグラフ上の点 $(0,\ 1)$ における接線の方程式を求めよ。

(3) $y = f(x)$ のグラフをかけ。

答えは次のページ

グラフをかくときは，
y 切片と極値の座標を必ず入れよう。

	点
	点
	点

桜木MEMO

$y = C$ （定数）➡ $y' = 0$

$y = x^n$ ➡ $y' = nx^{n-1}$ （ただし，n は自然数）

$y = f(x)$ のグラフの $(a, f(a))$ での接線は $y = f'(a)(x-a) + f(a)$

目標タイム **4分**	1回目	分	秒	2回目	分	秒	3回目	分	秒

(1)　$y' = f'(x) = 3x^2 - 3$

(2)　傾きは $f'(0) = -3$ であり，点 $(0, 1)$ を通るので
$$y = -3(x-0) + 1$$
$$= -3x + 1$$

(3)　$f'(x) = 3(x+1)(x-1)$ より $f(x)$ の増減は

x	$\cdots$	-1	$\cdots$	1	$\cdots$
$f'(x)$	$+$	0	$-$	0	$+$
$f(x)$	↗	極大 3	↘	極小 -1	↗

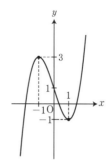

ようするに $f'(x) = 0$ を解けば
極値が求まるのね。

そうとは言い切れない。$y = x^3$ がいい例だ。
増減表を書いて確認するのが手っ取り早いぞ！
答案としての完成度も増すしな。

☆ドラ桜語録☆ 集中力があれば何をやっても成長が早くなるからだ。（第13巻）

1 ▶次の関数を微分せよ。ただし，a は定数とする。

【1問 10 点】

(1) $y = 4x^2 - 3x + 5$

(2) $y = \dfrac{1}{6}x - \dfrac{1}{2}$

(3) $y = a$

(4) $y = \dfrac{1}{6}x^3 - \dfrac{a}{4}x^2 + \dfrac{3}{2}x + \dfrac{5}{9}$

(5) $y = (x+1)^2(x-1)^2$

(6) $y = (x-3)(x+3) + (x-1)^3$

2 ▶xy 平面上において，[　]内の条件での接線の方程式を求めよ。

【1問 10 点】

(1) $f(x) = x^2 - 4x + 3$　[$(1,\ f(1))$ における接線]

(2) $f(x) = -x^3 - 2x^2 - x + 3$　[$(-2,\ f(-2))$ における接線]

(3) $f(x) = (x-1)(x^3 + 2)$　[$(2,\ f(2))$ における接線]

(4) $f(x) = -x^2 + 3x + 2$　[$(-1,\ 2)$ を通る接線]

点
点
点

答えは次のページ

目標タイム **10分**	1回目　　分　　秒	2回目　　分　　秒	3回目　　分　　秒

1 (1) $y' = 8x - 3$　　　　　　(2) $y' = \dfrac{1}{6}$

(3) $y' = 0$　　　　　　　　(4) $y' = \dfrac{1}{2}x^2 - \dfrac{a}{2}x + \dfrac{3}{2}$

(5) $y = (x+1)^2(x-1)^2$　　　(6) $y = (x-3)(x+3)+(x-1)^3$
　　$= \{(x+1)(x-1)\}^2$　　　　　$= x^2 - 9 + x^3 - 3x^2 + 3x - 1$
　　$= (x^2-1)^2$　　　　　　　　$= x^3 - 2x^2 + 3x - 10$
　　$= x^4 - 2x^2 + 1$　　　　　　$y' = 3x^2 - 4x + 3$
　　$y' = 4x^3 - 4x$

2 (1) $f'(x) = 2x - 4$, $f'(1) = -2$, $f(1) = 0$ より，接線は
　　　$y = -2(x-1) + 0$
　　　$\boldsymbol{y = -2x + 2}$

(2) $f'(x) = -3x^2 - 4x - 1$, $f'(-2) = -5$, $f(-2) = 5$ より，接線は
　　　$y = -5(x+2) + 5$
　　　$\boldsymbol{y = -5x - 5}$

(3) $f(x) = x^4 - x^3 + 2x - 2$, $f'(x) = 4x^3 - 3x^2 + 2$, $f'(2) = 22$, $f(2) = 10$
　　より，接線は
　　　$y = 22(x-2) + 10$
　　　$\boldsymbol{y = 22x - 34}$

(4) $f(x) = -x^2 + 3x + 2$, $f'(x) = -2x + 3$ なので，接点を $(a, -a^2 + 3a + 2)$
　　とおくと
　　$f'(a) = -2a + 3$, $f(a) = -a^2 + 3a + 2$ より，接線は
　　　$y = (-2a+3)(x-a) - a^2 + 3a + 2$　……①
　　これが $(-1, 2)$ を通るので
　　　$2 = (-2a+3)(-1-a) - a^2 + 3a + 2$ ➡ $a^2 + 2a - 3 = 0$
　　➡ $(a+3)(a-1) = 0$
　　よって　$a = -3, 1$
　　これらを①に代入して
　　　$\boldsymbol{y = 9x + 11, \quad y = x + 3}$

微分
ジャンプ！

☆ドラ桜語録 ☆ 勉強とは合理性と効率。つまり、脳と身体のメカニズムを相乗した科学的トレーニングだ！（第1巻）

1 ▶次の関数の極値を求め，グラフをかけ。【1問25点】

(1) $y = 3x^3 - 3x^2 + x - 1$

(2) $y = x^4 + 2x^3 - 2x^2 - 6x$

2 ▶次の問いに答えよ。【1問25点】

(1) $y = x^3 - ax$ が極値をもつような a の範囲を求めよ。

(2) $y = 2x^3 - x^2 - 4x - 2$ の $-1 \leqq x \leqq 2$ の範囲での最大値，最小値とそれらをとる x の値を求めよ。

点
点
点

答えは次のページ

1 (1)　$y = 3x^3 - 3x^2 + x - 1$
　　　　$y' = 9x^2 - 6x + 1 = (3x-1)^2$

x	$\cdots$	$\dfrac{1}{3}$	$\cdots$
y'	$+$	0	$+$
y	$\nearrow$	$-\dfrac{8}{9}$	$\nearrow$

この関数は極値をもたない。
グラフは

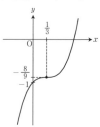

(2)　$y = x^4 + 2x^3 - 2x^2 - 6x$
　　　$y' = 4x^3 + 6x^2 - 4x - 6$
　　　　$= 2(x+1)(x-1)(2x+3)$

x	$\cdots$	$-\dfrac{3}{2}$	$\cdots$	-1	$\cdots$	1	$\cdots$
y'	$-$	0	$+$	0	$-$	0	$+$
y	$\searrow$	極小 $\dfrac{45}{16}$	$\nearrow$	極大 3	$\searrow$	極小 -5	$\nearrow$

この関数は
　　$x = -\dfrac{3}{2}$ のとき　極小値 $\dfrac{45}{16}$,
　　$x = 1$ のとき　　　極小値 -5,
　　$x = -1$ のとき　極大値 3
をとる。
グラフは

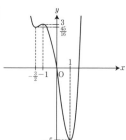

2 (1)　$y' = 3x^2 - a$ なので，$3x^2 - a = 0$ が異なる2つの実数解をもてば，もとの関数は極値をもつ。
　　　よって，$\dfrac{D}{4} = 3a > 0$ を解いて　$a > 0$　　　　　　　答　$a > 0$

(2)　$y = 2x^3 - x^2 - 4x - 2$
　　　$y' = 6x^2 - 2x - 4$
　　　　$= 2(3x+2)(x-1)$

x	-1	$\cdots$	$-\dfrac{2}{3}$	$\cdots$	1	$\cdots$	2
y'		$+$	0	$-$	0	$+$	
y	-1	$\nearrow$	極大 $-\dfrac{10}{27}$	$\searrow$	極小 -5	$\nearrow$	2

グラフは

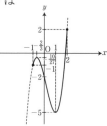

答　$\begin{cases} x = 2 \text{ のとき　最大値 } 2 \\ x = 1 \text{ のとき　最小値 } -5 \end{cases}$

☆ドラ桜語録 ☆

何事もまず、型を身につけること。型からの発展が独創へとつながっていくのです。（第5巻）

▶次の問いに答えよ。【(1),　(2)各 30 点，(3) 40 点】

(1)　不定積分 $\displaystyle\int (x+2)(x-3)dx$ を求めよ。

(2)　定積分 $\displaystyle\int_{-1}^{2}(6x^2-4x-5)dx$ を求めよ。

(3)　xy平面上において，放物線 $y=x^2-2x+4$ と直線 $y=2x+1$ で囲まれた部分の面積 S を求めよ。

答えは次のページ

数Ⅱの面積の計算では，
$$\int_{\alpha}^{\beta}(x-\alpha)(x-\beta)dx = -\frac{1}{6}(\beta-\alpha)^3$$
が使えることが多いぞ！

桜木MEMO

n を 0 以上の整数とするとき　$\displaystyle\int x^n dx = \frac{1}{n+1}x^{n+1}+C$
（C は積分定数）

$F'(x)=f(x)$ のとき　$\displaystyle\int_{a}^{b}f(x)dx = F(b)-F(a)$

点

点

点

目標タイム **6 分**　| 1回目　　分　　秒 | 2回目　　分　　秒 | 3回目　　分　　秒 |

(1)
$$\int (x+2)(x-3)dx$$
$$= \int (x^2 - x - 6)dx$$
$$= \frac{1}{3}x^3 - \frac{1}{2}x^2 - 6x + C$$
$$(C \text{ は積分定数})$$

(2)
$$\int_{-1}^{2}(6x^2 - 4x - 5)dx$$
$$= \Big[2x^3 - 2x^2 - 5x\Big]_{-1}^{2}$$
$$= -2 - 1$$
$$= -3$$

(3) 放物線と直線との共有点の x 座標は $x^2 - 2x + 4 = 2x + 1$ の解である。この方程式を解くと $x = 1,\ 3$

$$S = \int_{1}^{3}\{(2x+1)-(x^2-2x+4)\}dx = \int_{1}^{3}(-x^2+4x-3)dx$$
$$= \Big[-\frac{1}{3}x^3 + 2x^2 - 3x\Big]_{1}^{3} = 0 - \Big(-\frac{4}{3}\Big) = \frac{4}{3}$$

別解 $S = \displaystyle\int_{1}^{3}\{(2x+1)-(x^2-2x+4)\}dx$
$$= -\int_{1}^{3}(x-3)(x-1)dx$$
$$= \frac{1}{6}(3-1)^3 = \frac{4}{3}$$

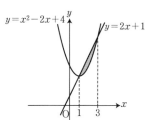

あのさー，たとえば $\int_{-1}^{2}(2x^2 - 3x)dx$ だったら，$\Big[\frac{2}{3}x^3 - \frac{3}{2}x^2\Big]_{-1}^{2}$ から先の代入でミスするんだけど，どうしたらいいかな？

2と−1の代入を別々に計算しないことだ。$\frac{2}{3}\{2^3 - (-1)^3\} - \frac{3}{2}\{2^2 - (-1)^2\}$ と計算すると，かなり楽だぞ。

★★★★☆☆
1回目	月	日
2回目	月	日
3回目	月	日

---

1 ▶次の不定積分を求めよ。ただし，a は定数とする。

【1問10点】

(1) $\displaystyle \int (2x-1)dx =$

(2) $\displaystyle \int (t-2)(t+2)dt =$

(3) $\displaystyle \int (2x^3-6x^2+x-5)dx =$

(4) $\displaystyle \int (2a-x)(a+x)dx =$

2 ▶次の定積分を求めよ。ただし，a，α，β は定数とする。

【1問10点】

(1) $\displaystyle \int_0^2 (3x-2)dx =$

(2) $\displaystyle \int_{-1}^1 (t-a)(3t+a)dt =$

(3) $\displaystyle \int_{-1}^2 (-x^3+3x^2+x-2)dx =$

(4) $\displaystyle \int_\alpha^\beta (x-\alpha)(x-\beta)dx =$

3 ▶次の等式を満たす関数 $f(x)$ や定数 α の値を求めよ。

【1問10点】

(1) $\displaystyle f(x) = 3x^2-x+\int_0^2 f(t)dt$

(2) $\displaystyle \int_\alpha^x f(t)dt = x^3+x^2-2$

点

点

点

答えは次のページ 👉

目標タイム **16分** | 1回目 分 秒 | 2回目 分 秒 | 3回目 分 秒

1 (1) $\int (2x-1)dx = x^2 - x + C$ （C は積分定数）

(2) $\int (t-2)(t+2)dt = \int (t^2-4)dt = \dfrac{1}{3}t^3 - 4t + C$ （C は積分定数）

(3) $\int (2x^3 - 6x^2 + x - 5)dx = \dfrac{1}{2}x^4 - 2x^3 + \dfrac{1}{2}x^2 - 5x + C$ （C は積分定数）

(4) $\int (2a-x)(a+x)dx = \int (2a^2 + ax - x^2)dx = -\dfrac{1}{3}x^3 + \dfrac{1}{2}ax^2 + 2a^2 x + C$

（C は積分定数）

2 (1) $\displaystyle\int_0^2 (3x-2)dx = \left[\dfrac{3}{2}x^2 - 2x\right]_0^2 = 2 - 0 = 2$

(2) $\displaystyle\int_{-1}^1 (t-a)(3t+a)dt = \int_{-1}^1 (3t^2 - 2at - a^2)dt$

$= \left[t^3 - at^2 - a^2 t\right]_{-1}^1 = (1-a-a^2) - (-1-a+a^2) = 2 - 2a^2$

(3) $\displaystyle\int_{-1}^2 (-x^3 + 3x^2 + x - 2)dx = \left[-\dfrac{1}{4}x^4 + x^3 + \dfrac{1}{2}x^2 - 2x\right]_{-1}^2 = 2 - \dfrac{5}{4} = \dfrac{3}{4}$

(4) $\displaystyle\int_\alpha^\beta (x-\alpha)(x-\beta)dx = \int_\alpha^\beta \{x^2 - (\alpha+\beta)x + \alpha\beta\}dx$

$= \left[\dfrac{1}{3}x^3 - \dfrac{\alpha+\beta}{2}x^2 + \alpha\beta x\right]_\alpha^\beta = \dfrac{1}{3}(\beta^3 - \alpha^3) - \dfrac{\alpha+\beta}{2}(\beta^2 - \alpha^2) + \alpha\beta(\beta-\alpha)$

$= \dfrac{1}{6}(\beta-\alpha)\{2(\alpha^2 + \alpha\beta + \beta^2) - 3(\beta+\alpha)^2 + 6\alpha\beta\}$

$= \dfrac{1}{6}(\beta-\alpha)(-\alpha^2 + 2\alpha\beta - \beta^2) = -\dfrac{1}{6}(\beta-\alpha)^3$

3 (1) $f(x) = 3x^2 - x + \displaystyle\int_0^2 f(t)dt$

$a = \displaystyle\int_0^2 f(t)dt$ とおくと　$f(x) = 3x^2 - x + a$

よって　$a = \displaystyle\int_0^2 (3t^2 - t + a)dt = \left[t^3 - \dfrac{1}{2}t^2 + at\right]_0^2 = 6 + 2a$

したがって　$a = -6$　　よって　$f(x) = 3x^2 - x - 6$　　答　$f(x) = 3x^2 - x - 6$

(2) $\displaystyle\int_\alpha^x f(t)dt = x^3 + x^2 - 2\cdots$① の両辺を x で微分すると　$f(x) = 3x^2 + 2x$

① に $x = \alpha$ を代入すると　$0 = \alpha^3 + \alpha^2 - 2 = (\alpha-1)(\alpha^2 + 2\alpha + 2)$

よって　$\alpha = 1$　　　　　　　　　　　　　答　$f(x) = 3x^2 + 2x$

$\alpha = 1$

▶ xy 平面において，次の問に答えよ。【1問 20 点】

(1)　放物線 $y=-x^2+4x+2$ と x 軸で囲まれた部分の面積 S を求めよ。

(2)　放物線 $y=x^2-2x-3$ と x 軸，y 軸，および直線 $x=3$ で囲まれた部分の面積 S を求めよ。

(3)　2 つの放物線 $y=x^2-x+1$ と $y=-x^2+3x+5$ で囲まれた部分の面積 S を求めよ。

(4)　関数 $y=x(x-3)^2$ のグラフと x 軸で囲まれた部分の面積 S を求めよ。

(5)　曲線 $y=|x^2-4|$ と直線 $y=x+2$ で囲まれた部分の面積 S を求めよ。

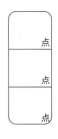

点

点

点

答えは次のページ

(1) 放物線と x 軸との共有点の x 座標は $-x^2+4x+2=0$ の解である。この方程式を解くと　$x=2\pm\sqrt{6}$　　図より

$$S=\int_{2-\sqrt{6}}^{2+\sqrt{6}}(-x^2+4x+2)dx$$

$$=-\int_{2-\sqrt{6}}^{2+\sqrt{6}}\{x-(2-\sqrt{6})\}\{x-(2+\sqrt{6})\}dx$$

$$=\frac{1}{6}\{(2+\sqrt{6})-(2-\sqrt{6})\}^3=8\sqrt{6}$$

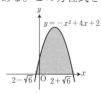

(2) 放物線と x 軸との共有点の x 座標は $x^2-2x-3=0$ の解である。この方程式を解くと　$x=-1,\ 3$　　図より

$$S=\int_0^3(-x^2+2x+3)dx=\left[-\frac{1}{3}x^3+x^2+3x\right]_0^3=9$$

(3) 2つの放物線の共有点の x 座標は $x^2-x+1=-x^2+3x+5$ の解である。この方程式を解くと　$x=1\pm\sqrt{3}$　　図より

$$S=\int_{1-\sqrt{3}}^{1+\sqrt{3}}\{(-x^2+3x+5)-(x^2-x+1)\}dx$$

$$=-2\int_{1-\sqrt{3}}^{1+\sqrt{3}}\{x-(1-\sqrt{3})\}\{x-(1+\sqrt{3})\}dx$$

$$=\frac{2}{6}\{(1+\sqrt{3})-(1-\sqrt{3})\}^3=8\sqrt{3}$$

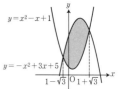

(4) $y=x(x-3)^2=x^3-6x^2+9x$
$y'=3x^2-12x+9=3(x-1)(x-3)$

x	$\cdots$	1	$\cdots$	3	$\cdots$
y'	$+$	0	$-$	0	$+$
y	↗	4	↘	0	↗

また，$y=x(x-3)^2$ のグラフと x 軸との共有点の x 座標は $x(x-3)^2=0$ の解なので，0 と 3

よってグラフをかくと右のようになり，求める面積は

$$S=\int_0^3(x^3-6x^2+9x)dx=\left[\frac{1}{4}x^4-2x^3+\frac{9}{2}x^2\right]_0^3=\frac{27}{4}-0=\frac{27}{4}$$

(5) 曲線と直線の関係は図のようになるので

$$S=\int_{-2}^1\{(-x^2+4)-(x+2)\}dx+\int_1^2\{(x+2)-(-x^2+4)\}dx+\int_2^3\{(x+2)-(x^2-4)\}dx$$

$$=-\int_{-2}^1(x+2)(x-1)dx+\int_1^2(x^2+x-2)dx$$

$$-\int_2^3(x^2-x-6)dx$$

$$=\frac{1}{6}\{1-(-2)\}^3+\left[\frac{1}{3}x^3+\frac{1}{2}x^2-2x\right]_1^2-\left[\frac{1}{3}x^3-\frac{1}{2}x^2-6x\right]_2^3$$

$$=\frac{27}{6}+\frac{11}{6}+\frac{13}{6}=\frac{17}{2}$$

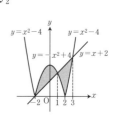

12限目 等差数列，等比数列

☆ドラ桜語録 ☆ 常に「なぜ」という疑問を持つこと。（第5巻）

▶ □ にあてはまる数値または式を書け。【1問50点】

(1) $\{a_n\}$ を $a_1 = 6$，$a_4 = 18$ の等差数列とし，$\{a_n\}$ の公差を d，初項から第 n 項までの和を S_n とする。このとき

$d = \boxed{}$，$a_n = \boxed{}$，$S_n = \boxed{}$

である。

(2) $\{a_n\}$ を初項 3，公比 2 の等比数列とし，初項から第 n 項までの和を S_n とする。このとき

$a_3 = \boxed{}$，$a_n = \boxed{}$，$S_n = \boxed{}$

である。

答えは次のページ

簡単な等差数列には罠がひそんでいる。たとえば，初項が − 5，末項が 3，公差が 1 の等差数列の項数は 8 ではないぞ！

桜木MEMO

等差数列
一般項 $a_n = a_1 + (n-1)d$ 和 $S_n = \dfrac{n(a_1 + a_n)}{2} = \dfrac{n\{2a_1 + (n-1)d\}}{2}$ （d：公差）

等比数列
一般項 $a_n = a_1 r^{n-1}$ 和 $\begin{cases} S_n = \dfrac{a_1(1 - r^n)}{1 - r} = \dfrac{a_1(r^n - 1)}{r - 1} & (r \neq 1) \\ S_n = a_1 n & (r = 1) \end{cases}$ （r：公比）

点

点

点

目標タイム **5** 分 | 1回目　　分　　秒 | 2回目　　分　　秒 | 3回目　　分　　秒

等差数列，等比数列

(1) 初項 6，公差 d の等差数列
なので

$$a_n = 6 + (n-1)d$$

$a_4 = 18$ より

$$18 = 6 + (4-1)d$$
$$d = 4$$

よって $a_n = 6 + 4(n-1)$
$$= 4n + 2$$

公式より $S_n = \dfrac{n\{6 + (4n+2)\}}{2}$

$$= \dfrac{n(4n+8)}{2}$$

$$= 2n(n+2)$$

答 $d = 4$, $a_n = 4n + 2$
$$S_n = 2n(n+2)$$

(2) 初項 3，公比 2 の等比数
列なので

$$a_n = 3 \cdot 2^{n-1}$$

よって $a_3 = 3 \cdot 2^{3-1}$

$$= 12$$

また $S_n = \dfrac{3(2^n - 1)}{2 - 1}$

$$= 3(2^n - 1)$$

答 $a_3 = 12$, $a_n = 3 \cdot 2^{n-1}$
$$S_n = 3(2^n - 1)$$

等比数列の和の公式の分子がやっかいだなあ。
$a_n = r^{n+2}$ なんて数列だったらお手上げだよ。

それなら言葉でおぼえておけ。

等比数列の和 $= \dfrac{(初項) \times \{(1 - (公比)^{足す項数}\}}{1 - (公比)}$ だ。

等差数列，等比数列
ホップ！ステップ！
★★☆☆☆☆☆
1回目　　月　　日
2回目　　月　　日
3回目　　月　　日

☆ ドラ桜語録 ☆　歯を磨くように勉強しろ！（第1巻）

1 ▶ $\{a_n\}$ を初項 a，公差 d の等差数列とし，初項から第 n 項までの和を S_n とする。次のそれぞれの場合について [　] にあてはまる数値または式を書け。【1問20点】

(1) $a=5$, $d=6$ のとき
$a_5 = \boxed{}$, $a_n = \boxed{}$, $S_n = \boxed{}$

(2) $a_6 = 40$, $d = 7$ のとき
$a = \boxed{}$, $a_n = \boxed{}$, $S_n = \boxed{}$

(3) $a_4 = 19$, $a_{10} = 49$ のとき
$a = \boxed{}$, $d = \boxed{}$, $a_n = \boxed{}$, $S_n = \boxed{}$

(4) $S_n = 2n(n+3)$ のとき
$a = \boxed{}$, $d = \boxed{}$, $a_n = \boxed{}$

2 ▶ 100 以上 200 以下の自然数のうち，7 で割って 1 余る数を順に並べると，初項 $\boxed{}$，公差 $\boxed{}$，項数 $\boxed{}$，末項 $\boxed{}$ の等差数列になる。したがって，それらの和は $\boxed{}$ である。【20点】

点

点

点

答えは次のページ

目標タイム **10分** | 1回目　　分　　秒 | 2回目　　分　　秒 | 3回目　　分　　秒

1 (1) 初項 5，公差 6 の等差数列なので
$$a_n = 5 + 6(n-1)$$
$$= 6n - 1$$
よって $a_5 = 30 - 1$
$$= 29$$
また $S_n = \dfrac{n\{5 + (6n-1)\}}{2}$
$$= n(3n+2)$$

答 $a_5 = 29,\ a_n = 6n - 1$
$\qquad S_n = n(3n+2)$

(2) 初項 a，公差 7 の等差数列なので
$$a_n = a + 7(n-1)$$
$a_6 = 40$ より $40 = a + 7 \cdot (6-1)$
$$a = 5$$
よって $a_n = 5 + 7(n-1)$
$$= 7n - 2$$
また $S_n = \dfrac{n\{5 + (7n-2)\}}{2}$
$$= \dfrac{n(7n+3)}{2}$$

答 $a = 5,\ a_n = 7n - 2$
$\qquad S_n = \dfrac{n(7n+3)}{2}$

(3) $a_4 = 19$ より $a + 3d = 19$
$a_{10} = 49$ より $a + 9d = 49$
この 2 式を連立させて a, d を求めると $a = 4$, $d = 5$
よって $a_n = 4 + 5(n-1)$
$$= 5n - 1$$
また $S_n = \dfrac{n\{4 + (5n-1)\}}{2}$
$$= \dfrac{n(5n+3)}{2}$$

答 $a = 4,\ d = 5$
$\qquad a_n = 5n - 1,\ S_n = \dfrac{n(5n+3)}{2}$

(4) $a = S_1 = 8 \cdots\cdots ①$
$n \geqq 2$ のとき
$$a_n = S_n - S_{n-1}$$
$$= 2n(n+3) - 2(n-1)(n+2)$$
$$= 4n + 4 \cdots\cdots ②$$
①，②をまとめて
$$a_n = 4n + 4 \quad (n \geqq 1)$$
$$d = a_2 - a_1 = 4$$
答 $a = 8,\ d = 4,\ a_n = 4n + 4$

2 100 以上 200 以下の 7 で割って 1 余る自然数は
$$7 \cdot 15 + 1,\ 7 \cdot 16 + 1,\ \cdots,\ 7 \cdot 28 + 1$$
であるから，この順に並べると，初項 106，公差 7，項数 14，末項 197 の等差数列である。

和は $\dfrac{14 \cdot (106 + 197)}{2} = 2121$

答 順に **106, 7, 14, 197, 2121**

等差数列，等比数列
ジャンプ！

★★★☆☆☆
1回目　　月　　日
2回目　　月　　日
3回目　　月　　日

ドラ桜語録 勉強は時間よりも効率が大切だ。（第6巻）

▶ $\{a_n\}$ を初項 a，公比 r の等比数列とし，初項から第 n 項までの和を S_n とする。次のそれぞれの場合について ☐ にあてはまる数値または式を書け。【1問 25 点】

(1)　$a = 3$，$r = 6$ のとき

$a_5 = $ ☐ ，　$a_n = $ ☐ ，　$S_n = $ ☐

(2)　$a_3 = 18$，$r = -3$ のとき

$a = $ ☐ ，　$a_n = $ ☐ ，　$S_n = $ ☐

(3)　$a_2 = 2$，$a_5 = 16$ のとき

$a = $ ☐ ，　$r = $ ☐ ，　$S_n = $ ☐

(4)　$S_n = \dfrac{2^{2n+1}-2}{3}$ のとき

$a = $ ☐ ，　$r = $ ☐ ，　$a_n = $ ☐

点

点

点

答えは次のページ

目標タイム **10**分　1回目　　分　　秒　2回目　　分　　秒　3回目　　分　　秒

(1) 初項 3，公比 6 の等比数列なので

$$a_n = 3 \cdot 6^{n-1}$$

よって　$a_5 = 3 \cdot 6^{5-1}$

$$= 3888$$

また　$S_n = \dfrac{3(6^n - 1)}{6 - 1}$

$$= \dfrac{3(6^n - 1)}{5}$$

答　$a_5 = 3888,\ a_n = 3 \cdot 6^{n-1}$

$\quad\ S_n = \dfrac{3(6^n - 1)}{5}$

(2) $a_3 = ar^2$ に $a_3 = 18,\ r = -3$ を代入すると

$$18 = 9a \ \blacktriangleright \ \ a = 2$$

よって　$a_n = 2 \cdot (-3)^{n-1}$

また　$S_n = \dfrac{2 \cdot \{1 - (-3)^n\}}{1 - (-3)}$

$$= \dfrac{1 - (-3)^n}{2}$$

答　$a = 2,\ a_n = 2 \cdot (-3)^{n-1}$

$\quad\ S_n = \dfrac{1 - (-3)^n}{2}$

(3) $a_2 = 2$ より　$2 = ar$

$a_5 = 16$ より　$16 = ar^4$

この 2 式を連立させて

$a,\ r$ を求めると

$$a = 1,\ r = 2$$

よって　$a_n = 2^{n-1}$

また　$S_n = \dfrac{1(2^n - 1)}{2 - 1}$

$$= 2^n - 1$$

答　$a = 1,\ r = 2,\ S_n = 2^n - 1$

(4) $a = S_1 = \dfrac{2^3 - 2}{3} = 2$　……①

$n \geqq 2$ のとき

$a_n = S_n - S_{n-1}$

$$= \dfrac{2^{2n+1} - 2}{3} - \dfrac{2^{2n-1} - 2}{3}$$

$$= \dfrac{(4 - 1)2^{2n-1}}{3}$$

$$= 2^{2n-1} = 2 \cdot 4^{n-1} \cdots ②$$

①，②をまとめて

$a_n = 2 \cdot 4^{n-1}$　$(n \geqq 1)$

この式より

$$r = 4$$

答　$a = 2,\ r = 4,\ a_n = 2 \cdot 4^{n-1}$

☆ドラ桜語録☆

公式を覚える時に一通りの証明を一緒に覚えても効果は薄い。自分で他の証明方法がないか考え抜いてみることで、その公式をより深く理解できるぞ。（第6巻）

▶次の計算をせよ。【1問25点】

(1) $\displaystyle\sum_{k=1}^{10} k^2 =$

(2) $\displaystyle\sum_{k=1}^{n} 2(k-1)(k+2) =$

(3) $1\cdot2+2\cdot3+3\cdot4+\cdots+n(n+1) =$

(4) $1+(1+2)+(1+2+3)+\cdots+(1+2+3+\cdots+n) =$

答えは次のページ☞

(3)や(4)はΣを使っていないぶん，一見わかりやすい。だが，Σを使って書き直すことで簡単に解けるようになる。

桜木MEMO

$\displaystyle\sum_{k=1}^{n} 1 = n \qquad \sum_{k=1}^{n} k = \frac{n(n+1)}{2}$

$\displaystyle\sum_{k=1}^{n} k^2 = \frac{n(n+1)(2n+1)}{6} \qquad \sum_{k=1}^{n} k^3 = \left\{\frac{n(n+1)}{2}\right\}^2$

$r \neq 1$ のとき $\displaystyle\sum_{k=1}^{n} ar^{k-1} = \frac{a(1-r^n)}{1-r} = \frac{a(r^n-1)}{r-1}$

点

点

点

目標タイム 10分 | 1回目 分 秒 | 2回目 分 秒 | 3回目 分 秒

(1) $\displaystyle\sum_{k=1}^{10} k^2 = \frac{1}{6}\cdot 10\cdot(10+1)\cdot(2\cdot 10+1)=385$

(2) $\displaystyle\sum_{k=1}^{n} 2(k-1)(k+2) = \sum_{k=1}^{n}(2k^2+2k-4) = 2\sum_{k=1}^{n}k^2 + 2\sum_{k=1}^{n}k - \sum_{k=1}^{n}4$

$\displaystyle = 2\cdot\frac{1}{6}n(n+1)(2n+1) + 2\cdot\frac{1}{2}n(n+1) - 4n$

$\displaystyle = \frac{2}{3}n(n-1)(n+4)$

(3) $\displaystyle 1\cdot 2 + 2\cdot 3 + 3\cdot 4 + \cdots + n(n+1)$

$\displaystyle = \sum_{k=1}^{n}k(k+1) = \sum_{k=1}^{n}(k^2+k) = \frac{1}{6}n(n+1)(2n+1) + \frac{1}{2}n(n+1)$

$\displaystyle = \frac{1}{3}n(n+1)(n+2)$

(4) $a_k = 1+2+\cdots+k$ とおくと $a_k = \dfrac{k(k+1)}{2}$ なので

(3)の結果を用いると

$\quad 1 + (1+2) + (1+2+3) + \cdots + (1+2+3+\cdots+n)$

$\displaystyle = \sum_{k=1}^{n}\frac{k(k+1)}{2} = \frac{1}{2}\sum_{k=1}^{n}k(k+1)$

$\displaystyle = \frac{1}{6}n(n+1)(n+2)$

難しげな和も, Σを使うとキレイに解けるのね！
フツーの計算問題と変わらないわ。

わかってきたな。
操作的に解けるだろ。
それがΣの力だ。

Σ記号

ホップ！ステップ！ジャンプ！

★★★★☆☆

1回目	月	日
2回目	月	日
3回目	月	日

▶次の計算をせよ。【1問20点】

(1)　$\displaystyle\sum_{k=1}^{5} k^3 =$

(2)　$\displaystyle\sum_{k=1}^{n} (k+1)^2 =$

(3)　$\displaystyle\sum_{k=1}^{2n} (3k+1) =$

(4)　$\displaystyle\sum_{k=n+1}^{2n} (2k-1)(3k-1) =$

(5)　$1^2 + (1^2 + 2^2) + (1^2 + 2^2 + 3^2) + \cdots + (1^2 + 2^2 + 3^2 + \cdots + n^2) =$

点
点
点

答えは次のページ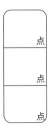

☆ドラ桜語録☆

「知る」ということ……。その知識は幸せをもたらす、強力な武器だということだ。（第3巻）

(1) $\displaystyle\sum_{k=1}^{5} k^3 = \left\{\frac{5\cdot(5+1)}{2}\right\}^2 = \mathbf{225}$

(2) $\displaystyle\sum_{k=1}^{n} (k+1)^2$

$\displaystyle = \sum_{k=1}^{n} (k^2+2k+1)$

$\displaystyle = \frac{1}{6}n(n+1)(2n+1) + \frac{2}{2}n(n+1) + n$

$\displaystyle = \frac{1}{6}\boldsymbol{n}(2\boldsymbol{n}^2+9\boldsymbol{n}+13)$

別解　$m = k+1$ とおくと

$\displaystyle \sum_{k=1}^{n} (k+1)^2$

$\displaystyle = \sum_{m=2}^{n+1} m^2 = \sum_{m=1}^{n+1} m^2 - \sum_{m=1}^{1} m^2$

$\displaystyle = \frac{1}{6}(n+1)(n+2)(2n+3) - 1$

$\displaystyle = \frac{1}{6}(2n^3+9n^2+13n+6) - 1$

$\displaystyle = \frac{1}{6}\boldsymbol{n}(2\boldsymbol{n}^2+9\boldsymbol{n}+13)$

(3) $\displaystyle\sum_{k=1}^{2n} (3k+1) = 3\sum_{k=1}^{2n} k + \sum_{k=1}^{2n} 1 = 3\cdot\frac{2n(2n+1)}{2} + 2n = \boldsymbol{n}(6\boldsymbol{n}+5)$

(4) $\displaystyle\sum_{k=n+1}^{2n} (2k-1)(3k-1) = \sum_{k=n+1}^{2n} (6k^2-5k+1) = \sum_{k=1}^{2n} (6k^2-5k+1) - \sum_{k=1}^{n} (6k^2-5k+1)$

ここで　$\displaystyle\sum_{k=1}^{n} (6k^2-5k+1) = 6\sum_{k=1}^{n} k^2 - 5\sum_{k=1}^{n} k + \sum_{k=1}^{n} 1$

$\displaystyle = n(n+1)(2n+1) - \frac{5}{2}n(n+1) + n$

$\displaystyle = \frac{1}{2}n(4n^2+n-1)$　……①

$\displaystyle\sum_{k=1}^{2n} (6k^2-5k+1)$ は，①で n を $2n$ に置き換えることで計算できるので

$\displaystyle\sum_{k=1}^{2n} (6k^2-5k+1) = n(16n^2+2n-1)$　……②

①，②より　$\displaystyle\sum_{k=n+1}^{2n} (6k^2-5k+1) = n(16n^2+2n-1) - \frac{1}{2}n(4n^2+n-1)$

$\displaystyle = \frac{1}{2}\boldsymbol{n}(4\boldsymbol{n}+1)(7\boldsymbol{n}-1)$

(5) $a_k = 1^2+2^2+\cdots+k^2$ とおくと　$a_k = \dfrac{1}{6}k(k+1)(2k+1)$ なので

与式 $\displaystyle = \sum_{k=1}^{n} a_k = \sum_{k=1}^{n} \frac{1}{6}k(k+1)(2k+1) = \frac{1}{3}\sum_{k=1}^{n} k^3 + \frac{1}{2}\sum_{k=1}^{n} k^2 + \frac{1}{6}\sum_{k=1}^{n} k$

$\displaystyle = \frac{1}{3}\cdot\left\{\frac{n(n+1)}{2}\right\}^2 + \frac{1}{2}\cdot\frac{1}{6}n(n+1)(2n+1) + \frac{1}{6}\cdot\frac{n(n+1)}{2}$

$\displaystyle = \frac{1}{12}n(n+1)\{n(n+1)+(2n+1)+1\}$

$\displaystyle = \frac{1}{12}n(n+1)(n^2+3n+2)$

$\displaystyle = \frac{1}{12}\boldsymbol{n}(\boldsymbol{n}+1)^2(\boldsymbol{n}+2)$

14限目 いろいろな数列や和

☆ドラ桜語録 ☆

不安を抱くことは決して恥ずかしいことではない。むしろ不安は努力の勲章なんだ（第19巻）

1 ▶次の計算をせよ。【1問25点】

(1) $\dfrac{1}{1\cdot2}+\dfrac{1}{2\cdot3}+\cdots+\dfrac{1}{n(n+1)}=$

(2) $1+2\cdot2^1+3\cdot2^2+\cdots+n\cdot2^{n-1}=$

2 ▶次の数列 $\{a_n\}$ の一般項を求めよ。【1問25点】

(1) $1,\ 2,\ 4,\ 7,\ 11,\ \cdots$

(2) $2,\ 5,\ 14,\ 41,\ 122,\ \cdots$

答えは次のページ

分数の形の数列の和は，まず一般項を見て部分分数分解できないか考えよう。

桜木MEMO

数列 $\{a_n\}$ に対し，$b_n=a_{n+1}-a_n$ で定義される数列 $\{b_n\}$ を，$\{a_n\}$ の**階差数列**という。$n\geqq2$ のとき，$a_n=a_1+\displaystyle\sum_{k=1}^{n-1}b_k$ が成り立つ。これを使って a_n を求めたら，$n=1$ のときのチェックを忘れないこと。

点
点
点

目標タイム **12分** ｜ 1回目　　分　　秒 ｜ 2回目　　分　　秒 ｜ 3回目　　分　　秒

1 (1) $\dfrac{1}{n(n+1)}=\dfrac{1}{n}-\dfrac{1}{n+1}$ より

$$\dfrac{1}{1\cdot 2}+\dfrac{1}{2\cdot 3}+\cdots+\dfrac{1}{n(n+1)}$$
$$=\left(\dfrac{1}{1}-\dfrac{1}{2}\right)+\left(\dfrac{1}{2}-\dfrac{1}{3}\right)+\cdots+\left(\dfrac{1}{n}-\dfrac{1}{n+1}\right)=\dfrac{1}{1}-\dfrac{1}{n+1}=\boldsymbol{\dfrac{n}{n+1}}$$

(2) $S=1+2\cdot 2^1+3\cdot 2^2+\cdots+n\cdot 2^{n-1}$ とおくと

$$
\begin{array}{r}
S=1+2\cdot 2^1+3\cdot 2^2+\cdots+\qquad n\cdot 2^{n-1}\\
-)\,2S=\qquad 1\cdot 2^1+2\cdot 2^2+\cdots+(n-1)\cdot 2^{n-1}+n\cdot 2^n\\
\hline
-S=1+\quad 2^1+\quad 2^2+\cdots+\qquad\quad 2^{n-1}-n\cdot 2^n
\end{array}
$$

$$S=-\sum_{k=1}^{n}2^{k-1}+n\cdot 2^n=-\dfrac{1(2^n-1)}{2-1}+2^n n=\boldsymbol{2^n(n-1)+1}$$

2 (1) $\{a_n\}$ の階差数列を $\{b_n\}$ とすると，$\{b_n\}$ は 1，2，3，4，… となるので，$b_n=n$ である。よって，$n\geqq 2$ のとき

$$a_n=1+\sum_{k=1}^{n-1}b_k=1+\sum_{k=1}^{n-1}k=1+\dfrac{1}{2}n(n-1)=\dfrac{1}{2}(n^2-n+2)\ \cdots\cdots\text{①}$$

$a_1=1$ より，①は $n=1$ のときにも成り立つ。　　答　$\underline{\dfrac{1}{2}(n^2-n+2)}$

(2) $\{a_n\}$ の階差数列を $\{b_n\}$ とすると，$\{b_n\}$ は 3，9，27，81，… となるので，$b_n=3^n$ である。よって，$n\geqq 2$ のとき

$$a_n=2+\sum_{k=1}^{n-1}b_k=2+\sum_{k=1}^{n-1}3^k=2+\dfrac{3\cdot(3^{n-1}-1)}{3-1}=\dfrac{3^n+1}{2}\ \ \cdots\cdots\text{①}$$

$a_1=2$ より，①は $n=1$ のときにも成り立つ。　　答　$\underline{\dfrac{3^n+1}{2}}$

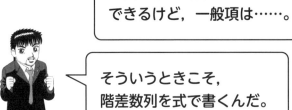

2(1)は順に計算するくらいできるけど，一般項は……。

そういうときこそ，階差数列を式で書くんだ。

いろいろな数列や和

ホップ！ステップ！

★★★☆☆☆

1回目	月	日
2回目	月	日
3回目	月	日

▶次の計算をせよ。【1問25点】

(1) $\dfrac{1}{1 \cdot 3} + \dfrac{1}{3 \cdot 5} + \cdots + \dfrac{1}{(2n-1)(2n+1)} =$

(2) $\dfrac{1}{1 + \sqrt{2}} + \dfrac{1}{\sqrt{2} + \sqrt{3}} + \cdots + \dfrac{1}{\sqrt{n} + \sqrt{n+1}} =$

(3) $1 + 3 \cdot 2^1 + 5 \cdot 2^2 + \cdots + (2n-1)2^{n-1} =$

(4) $1 + 2 \cdot 3^1 + 3 \cdot 3^2 + \cdots + n \cdot 3^{n-1} =$

答えは次のページ

	点
	点
	点

ドラ桜語録 ☆ 定期テスト前日マニュアル 1　徹夜は絶対にしてはいけない。（第6巻）

(1) $\dfrac{1}{(2n-1)(2n+1)}=\dfrac{1}{2}\left(\dfrac{1}{2n-1}-\dfrac{1}{2n+1}\right)$ より

$\dfrac{1}{1\cdot3}+\dfrac{1}{3\cdot5}+\cdots+\dfrac{1}{(2n-1)(2n+1)}$

$=\dfrac{1}{2}\left\{\left(\dfrac{1}{1}-\dfrac{1}{3}\right)+\left(\dfrac{1}{3}-\dfrac{1}{5}\right)+\cdots+\left(\dfrac{1}{2n-3}-\dfrac{1}{2n-1}\right)+\left(\dfrac{1}{2n-1}-\dfrac{1}{2n+1}\right)\right\}$

$=\dfrac{1}{2}\left(\dfrac{1}{1}-\dfrac{1}{2n+1}\right)=\dfrac{\boldsymbol{n}}{\boldsymbol{2n+1}}$

(2) $\dfrac{1}{\sqrt{n}+\sqrt{n+1}}=\dfrac{\sqrt{n}-\sqrt{n+1}}{(\sqrt{n}+\sqrt{n+1})(\sqrt{n}-\sqrt{n+1})}=\dfrac{\sqrt{n}-\sqrt{n+1}}{n-(n+1)}$

$=\sqrt{n+1}-\sqrt{n}$ より

$\dfrac{1}{1+\sqrt{2}}+\dfrac{1}{\sqrt{2}+\sqrt{3}}+\cdots+\dfrac{1}{\sqrt{n}+\sqrt{n+1}}$

$=(\sqrt{2}-1)+(\sqrt{3}-\sqrt{2})+\cdots+(\sqrt{n}-\sqrt{n-1})+(\sqrt{n+1}-\sqrt{n})$

$=\sqrt{\boldsymbol{n+1}}-\boldsymbol{1}$

(3) $S=1+3\cdot2^1+5\cdot2^2+\cdots+(2n-1)2^{n-1}$ とおくと

$\begin{array}{r}S=1+3\cdot2^1+5\cdot2^2+\cdots+(2n-1)2^{n-1}\\-)\ 2S=\quad\ 1\cdot2^1+3\cdot2^2+\cdots+(2n-3)2^{n-1}+(2n-1)2^n\\\hline -S=1+2\cdot2^1+2\cdot2^2+\cdots+\quad\ 2\cdot2^{n-1}-(2n-1)2^n\end{array}$

$S=-\left(1+\displaystyle\sum_{k=1}^{n-1}2^{k+1}\right)+(2n-1)\cdot2^n$

$=-\left\{1+\dfrac{4(2^{n-1}-1)}{2-1}\right\}+(2n-1)\cdot2^n=(\boldsymbol{2n-3})\boldsymbol{2^n+3}$

(4) $S=1+2\cdot3^1+3\cdot3^2+\cdots+n\cdot3^{n-1}$ とおくと

$\begin{array}{r}S=1+2\cdot3^1+3\cdot3^2+\cdots+\quad\ n\cdot3^{n-1}\\-)\ 3S=\quad\ 1\cdot3^1+2\cdot3^2+\cdots+(n-1)\cdot3^{n-1}+n\cdot3^n\\\hline -2S=1+\quad 3^1+\quad 3^2+\cdots+\quad\quad 3^{n-1}-n\cdot3^n\end{array}$

$S=-\dfrac{1}{2}\left(\displaystyle\sum_{k=1}^{n}3^{k-1}-n\cdot3^n\right)=-\dfrac{1}{2}\left\{\dfrac{1\cdot(3^n-1)}{3-1}-n\cdot3^n\right\}$

$=-\dfrac{1}{2}\left\{\left(\dfrac{1}{2}-n\right)3^n-\dfrac{1}{2}\right\}=\dfrac{1}{4}\{\boldsymbol{(2n-1)3^n+1}\}$

いろいろな数列や和
ジャンプ！

▶次の数列 $\{a_n\}$ の一般項と第 n 項までの和 S_n を求めよ。

【1問50点】

(1)　1，2，5，10，17，…

(2)　1，2，6，15，31，…

点

点

点

答えは次のページ

(1)　$\{a_n\}$ の階差数列を $\{b_n\}$ とすると，$\{b_n\}$ は 1, 3, 5, 7, … となるので，

$b_n = 1 + 2(n-1) = 2n-1$ である。よって，$n \geqq 2$ のとき

$$a_n = 1 + \sum_{k=1}^{n-1} b_k = 1 + \sum_{k=1}^{n-1} (2k-1) = 1 + 2\sum_{k=1}^{n-1} k - \sum_{k=1}^{n-1} 1$$

$$= 1 + n(n-1) - (n-1) = n^2 - 2n + 2 \quad \cdots\cdots ①$$

$a_1 = 1$ より，①は $n = 1$ のときにも成り立つ。

よって　$a_n = n^2 - 2n + 2 \quad (n \geqq 1)$

第 n 項までの和 S_n は

$$S_n = \sum_{k=1}^{n} (k^2 - 2k + 2) = \sum_{k=1}^{n} k^2 - 2\sum_{k=1}^{n} k + \sum_{k=1}^{n} 2$$

$$= \frac{1}{6} n(n+1)(2n+1) - 2 \cdot \frac{1}{2} n(n+1) + 2n$$

$$= \frac{1}{6} n(2n^2 - 3n + 7)$$

答　$a_n = n^2 - 2n + 2$
　　$S_n = \dfrac{1}{6} n(2n^2 - 3n + 7)$

(2)　$\{a_n\}$ の階差数列を $\{b_n\}$ とすると，$\{b_n\}$ は 1, 4, 9, 16, … となるので，

$b_n = n^2$ である。よって $n \geqq 2$ のとき

$$a_n = 1 + \sum_{k=1}^{n-1} b_k = 1 + \sum_{k=1}^{n-1} k^2 = 1 + \frac{1}{6}(n-1)n(2n-1)$$

$$= \frac{1}{6}(n+1)(2n^2 - 5n + 6) \quad \cdots\cdots ①$$

$a_1 = 1$ より，①は $n = 1$ のときにも成り立つ。

よって　$a_n = \dfrac{1}{6}(n+1)(2n^2 - 5n + 6) \quad (n \geqq 1)$

第 n 項までの和 S_n は

$$S_n = \sum_{k=1}^{n} a_k = \sum_{k=1}^{n} \frac{1}{6}(2k^3 - 3k^2 + k + 6)$$

$$= \frac{1}{3}\sum_{k=1}^{n} k^3 - \frac{1}{2}\sum_{k=1}^{n} k^2 + \frac{1}{6}\sum_{k=1}^{n} k + \sum_{k=1}^{n} 1$$

$$= \frac{1}{3} \cdot \left\{\frac{1}{2} n(n+1)\right\}^2 - \frac{1}{2} \cdot \frac{1}{6} n(n+1)(2n+1) + \frac{1}{6} \cdot \frac{1}{2} n(n+1) + n$$

$$= \frac{1}{12} n(n^3 - n + 12)$$

答　$a_n = \dfrac{1}{6}(n+1)(2n^2 - 5n + 6)$
　　$S_n = \dfrac{1}{12} n(n^3 - n + 12)$

▶自然数 n に対して，次の条件で定められる数列 $\{a_n\}$ の一般項を求めよ。【1問50点】

(1) $a_1 = 1$, $a_{n+1} = 2a_n + 1$

(2) $a_1 = \dfrac{1}{2}$, $a_{n+1} = \dfrac{1}{2 - a_n}$

答えは次のページ

(2)は予想するだけではダメで、証明が必要だぞ。

点

点

点

桜木MEMO

$a_{n+1} = pa_n + q$ 型 $(p \neq 0, 1)$ の漸化式は，$\alpha = p\alpha + q$ を満たす α を用い，$(a_{n+1} - \alpha) = p(a_n - \alpha)$ と変形することで一般項を求める。

目標タイム **10分** | 1回目　分　秒 | 2回目　分　秒 | 3回目　分　秒

漸化式

(1) 方程式 $\alpha = 2\alpha + 1$ を解くと $\alpha = -1$

漸化式の両辺から α を引いて $a_{n+1} + 1 = 2a_n + 2 = 2(a_n + 1)$

$b_n = a_n + 1$ とおくと $b_1 = 2$, $b_{n+1} = 2b_n$

よって，$\{b_n\}$ は初項 2，公比 2 の等比数列なので $b_n = 2 \cdot 2^{n-1} = 2^n$

したがって，求める一般項は $a_n = b_n - 1 = 2^n - 1$ $\underline{\text{答}\quad a_n = 2^n - 1}$

(2) 条件より

$$a_1 = \frac{1}{2}, \quad a_2 = \frac{2}{3}, \quad a_3 = \frac{3}{4}, \quad a_4 = \frac{4}{5}, \quad \cdots$$

よって，$\{a_n\}$ の一般項は $a_n = \dfrac{n}{n+1}$ …① であると推測される。これを

数学的帰納法を用いて証明する。

(i) $n = 1$ のとき，①で $n = 1$ とおくと $a_1 = \dfrac{1}{2}$ となるので①は成立する。

(ii) $n = k$ のとき①が成り立つ，すなわち $a_k = \dfrac{k}{k+1}$ と仮定すると，

$n = k+1$ のとき

$$a_{k+1} = \frac{1}{2 - a_k} = \frac{1}{2 - \dfrac{k}{k+1}} = \frac{k+1}{2(k+1) - k} = \frac{k+1}{k+2}$$

よって，$n = k+1$ のときにも①は成り立つ。

(i)，(ii)より，①はすべての自然数 n に対して成り立つ。

したがって，求める一般項は $a_n = \dfrac{n}{n+1}$ $\underline{\text{答}\quad a_n = \dfrac{n}{n+1}}$

漸化式っていろいろな
やり方があるなあ。

コツは知っている形への変形だな。
等差型，等比型，階差型などがある。
それでもできなければ，推測して証明だ。

漸化式
ホップ！ステップ！

★★★★☆☆

1回目	月	日	
2回目	月	日	
3回目	月	日	

☆ドラ桜語録☆ 定期テスト前日マニュアル4 睡眠時間は1・5時間の倍数時間寝るようにしろ！（第6巻）

▶自然数 n に対して，次の条件で定められる数列 $\{a_n\}$ の一般項を求めよ。【1問20点】

(1)　$a_1 = 1,\ a_{n+1} = a_n + 2$

(2)　$a_1 = 1,\ a_{n+1} = 2a_n$

(3)　$a_1 = 1,\ a_{n+1} = -a_n + 4$

(4)　$a_1 = 2,\ 5a_{n+1} = 2a_n + 3$

(5)　$a_1 = -1,\ a_{n+1} = a_n + n^2$

答えは次のページ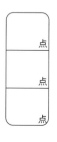

点
点
点

目標タイム **10分** | 1回目　分　秒 | 2回目　分　秒 | 3回目　分　秒

(1)　$a_{n+1}-a_n=2$
　　　よって，$\{a_n\}$ は初項 1，公差 2 の等差数列なので
　　　　　$a_n=1+2(n-1)=2n-1$　　　　　　　　　　答　$a_n=2n-1$

(2)　$\{a_n\}$ は初項 1，公比 2 の等比数列なので
　　　　　$a_n=1\cdot2^{n-1}=2^{n-1}$　　　　　　　　　　答　$a_n=2^{n-1}$

(3)　方程式 $\alpha=-\alpha+4$ を解くと $\alpha=2$ より
　　　　　$a_{n+1}-2=-a_n+4-2=-(a_n-2)$
　　　$b_n=a_n-2$ とおくと　$b_{n+1}=-b_n$，$b_1=-1$
　　　よって，$\{b_n\}$ は初項-1，公比-1の等比数列なので　$b_n=(-1)^n$
　　　したがって，求める一般項は　$a_n=b_n+2=(-1)^n+2$
　　　　　　　　　　　　　　　　　　　答　$a_n=(-1)^n+2$

(4)　方程式 $5\alpha=2\alpha+3$ を解くと $\alpha=1$ より
　　　　　$5(a_{n+1}-1)=2(a_n-1)$
　　　$b_n=a_n-1$ とおくと　$b_1=1$，$b_{n+1}=\dfrac{2}{5}b_n$
　　　よって，$\{b_n\}$ は初項 1，公比 $\dfrac{2}{5}$ の等比数列なので　$b_n=\left(\dfrac{2}{5}\right)^{n-1}$
　　　したがって，求める一般項は　$a_n=b_n+1=\left(\dfrac{2}{5}\right)^{n-1}+1$
　　　　　　　　　　　　　　　　　　　答　$a_n=\left(\dfrac{2}{5}\right)^{n-1}+1$

(5)　数列 $\{a_n\}$ の階差数列を $\{b_n\}$ とすると，$\{b_n\}$ は
　　　　　$b_n=a_{n+1}-a_n=n^2$
　　　よって，$n\geqq2$ のとき
　　　　　$a_n=-1+\displaystyle\sum_{k=1}^{n-1}k^2=-1+\dfrac{n(n-1)(2n-1)}{6}$
　　　　　$=\dfrac{1}{6}(n-2)(2n^2+n+3)$　……①
　　　$a_1=-1$ より，①は $n=1$ のときにも成り立つ。
　　　よって　$a_n=\dfrac{1}{6}(n-2)(2n^2+n+3)$　$(n\geqq1)$
　　　　　　　　　　　　　答　$a_n=\dfrac{1}{6}(n-2)(2n^2+n+3)$

漸化式

ジャンプ！

▶自然数 n に対して，次の条件で定められる数列 $\{a_n\}$ の一般項を求めよ。【(1), (2)各 30 点，(3) 40 点】

(1)　$a_1 = 1,\ a_{n+1} = \dfrac{a_n}{2a_n + 1}$　（ヒント：$b_n = \dfrac{1}{a_n}$ とおく）

(2)　$a_1 = 0,\ a_{n+1} = 3a_n + 2^n$　（ヒント：$b_n = \dfrac{a_n}{2^n}$ とおく）

(3)　$a_1 = 0,\ a_{n+1} = \dfrac{3a_n + 1}{a_n + 3}$

点

点

点

答えは次のページ

漸化式

(1) 数列の定義より $n \geqq 1$ に対し $a_n > 0$ なので，漸化式の逆数をとって，

$$\frac{1}{a_{n+1}} = \frac{2a_n + 1}{a_n} = 2 + \frac{1}{a_n}$$

ここで $b_n = \dfrac{1}{a_n}$ とおくと，$b_{n+1} = 2 + b_n$ となるので，数列 $\{b_n\}$ は，

初項 $b_1 = 1$，公差 2 の等差数列となる。ゆえに $b_n = 2n - 1$

よって求める一般項は　$a_n = \dfrac{1}{2n-1}$ 　　　　　答　$\underline{a_n = \dfrac{1}{2n-1}}$

(2) $a_{n+1} = 3a_n + 2^n$ の両辺を 2^{n+1} で割ると

$$\frac{a_{n+1}}{2^{n+1}} = 3 \cdot \frac{a_n}{2^{n+1}} + \frac{2^n}{2^{n+1}}$$

ここで $b_n = \dfrac{a_n}{2^n}$ とおくと $b_{n+1} = \dfrac{3}{2}b_n + \dfrac{1}{2}$

これを変形して $b_{n+1} + 1 = \dfrac{3}{2}(b_n + 1)$

ここで $c_n = b_n + 1$ とおくと，

数列 $\{c_n\}$ は初項 1，公比 $\dfrac{3}{2}$ の等比数列。

よって　$c_n = \left(\dfrac{3}{2}\right)^{n-1}$ ，$b_n = \left(\dfrac{3}{2}\right)^{n-1} - 1$

したがって求める一般項は $a_n = 2 \cdot 3^{n-1} - 2^n$ 　　　答　$\underline{a_n = 2 \cdot 3^{n-1} - 2^n}$

(3) 条件より

$$a_1 = 0, \quad a_2 = \frac{1}{3}, \quad a_3 = \frac{3}{5}, \quad a_4 = \frac{7}{9}, \quad a_5 = \frac{15}{17}, \quad \cdots$$

よって $\{a_n\}$ の一般項は $a_n = \dfrac{2^{n-1} - 1}{2^{n-1} + 1}$ …①

であると推測される。これを数学的帰納法で証明する。

(i) $n = 1$ のとき，①で $n = 1$ とおくと $a_1 = 0$ なので①は成立する。

(ii) $n = k$ のとき①が成り立つと仮定すると，$n = k + 1$ のとき

$$a_{k+1} = \frac{3a_k + 1}{a_k + 3} = \frac{3 \cdot \dfrac{2^{k-1} - 1}{2^{k-1} + 1} + 1}{\dfrac{2^{k-1} - 1}{2^{k-1} + 1} + 3} = \frac{3(2^{k-1} - 1) + (2^{k-1} + 1)}{(2^{k-1} - 1) + 3(2^{k-1} + 1)}$$

$$= \frac{4 \cdot 2^{k-1} - 2}{4 \cdot 2^{k-1} + 2} = \frac{2^k - 1}{2^k + 1}$$

よって，$n = k + 1$ のときにも①は成立する。

(i)，(ii)より，①はすべての自然数 n に対して成り立つ。

したがって求める一般項は $a_n = \dfrac{2^{n-1} - 1}{2^{n-1} + 1}$ 　　　答　$\underline{a_n = \dfrac{2^{n-1} - 1}{2^{n-1} + 1}}$

☆ドラ桜語録 ☆

受験に知能はさほど重要ではありません。必要なのは、根気とテクニックです。（第1巻）

▶平面上の 3 点 O$(0, 0)$，A$(1, -2)$，B$(3, -1)$ に対して，$\vec{a}=\overrightarrow{\mathrm{OA}}$，$\vec{b}=\overrightarrow{\mathrm{OB}}$ とおく。このとき，次を求めよ。

【(1)，(4)，(5)，(6)各 15 点，(2)，(3)各 20 点】

(1) $5\vec{a}-2\vec{b}$

(2) 線分 AB を $3:2$ に内分する点と外分する点をそれぞれ C，D とおくとき，$\overrightarrow{\mathrm{OC}}$ と $\overrightarrow{\mathrm{OD}}$

(3) $s\vec{a}+t\vec{b}=(-4, -7)$ であるとき，s と t の値

(4) $|\vec{a}|$

(5) $\vec{a}\cdot\vec{b}$

(6) $\vec{a}$ と $\vec{b}$ のなす角

答えは次のページ

この問題は平面ベクトルだが、空間ベクトルでも同じように計算できる。

桜木MEMO

$\overrightarrow{\mathrm{OA}}=\vec{a}=(a_1, a_2, a_3)$，$\overrightarrow{\mathrm{OB}}=\vec{b}=(b_1, b_2, b_3)$ のとき，

線分 AB を $m:n$ に内分する点を C とすると

$$\overrightarrow{\mathrm{OC}}=\frac{n\vec{a}+m\vec{b}}{m+n}$$

線分 AB を $m:n$ に外分する点を D とすると

$$\overrightarrow{\mathrm{OD}}=\frac{-n\vec{a}+m\vec{b}}{m-n} \quad (ただし\ m\neq n)$$

$$|\vec{a}|=\sqrt{a_1{}^2+a_2{}^2+a_3{}^2} \qquad \vec{a}\cdot\vec{b}=a_1b_1+a_2b_2+a_3b_3$$

点
点
点

目標タイム **4** 分 | 1回目 分 秒 | 2回目 分 秒 | 3回目 分 秒

ベクトル

(1) $5\vec{a}-2\vec{b}=5(1,\ -2)-2(3,\ -1)$
$=(5\cdot1-2\cdot3,\ 5\cdot(-2)-2\cdot(-1))=(-1,\ -8)$

(2) $\overrightarrow{\mathrm{OC}}=\dfrac{2\vec{a}+3\vec{b}}{3+2}=\left(\dfrac{11}{5},\ -\dfrac{7}{5}\right)$　$\overrightarrow{\mathrm{OD}}=\dfrac{-2\vec{a}+3\vec{b}}{3-2}=(7,\ 1)$

(3) $s\vec{a}+t\vec{b}=(-4,\ -7)$ より
$(s+3t,\ -2s-t)=(-4,\ -7)$ なので
$s+3t=-4,\ -2s-t=-7$
これを解いて $s=5,\ t=-3$

(4) $|\vec{a}|=\sqrt{1^2+(-2)^2}=\sqrt{5}$

(5) $\vec{a}\cdot\vec{b}=1\cdot3+(-2)(-1)=5$

(6) $|\vec{b}|=\sqrt{3^2+(-1)^2}=\sqrt{10}$ より，$\vec{a}$ と $\vec{b}$ のなす角を θ とすると
$$\cos\theta=\dfrac{\vec{a}\cdot\vec{b}}{|\vec{a}||\vec{b}|}=\dfrac{5}{\sqrt{5}\cdot\sqrt{10}}=\dfrac{1}{\sqrt{2}}$$
$0\leqq\theta\leqq\pi$ なので　$\theta=\dfrac{\pi}{4}$

ベクトルってスゴイな。図形の証明問題までできるんだろ？

その感動を大切にな。
ただ，中学校や数学 A で勉強した平面図形が無意味ってわけじゃないぞ。

ドラ桜語録 ☆ 解法を理解し問題を数多くこなす。この正攻法が一番合格への近道です。（第7巻）

---

1 ▶空間内の3点 O(0, 0, 0)，A(2, 2, 1)，B(1, 4, −1) に対して，$\vec{a}=\overrightarrow{OA}$，$\vec{b}=\overrightarrow{OB}$ とおく。次を求めよ。　【1問12点】

(1)　$6\vec{a}-3\vec{b}$

(2)　$|\vec{b}|$

(3)　$\vec{a}$ と $\vec{b}$ のなす角

(4)　$|\vec{a}+t\vec{b}|$ を最小にする実数 t の値

(5)　線分 AB を 1:3 に内分する点と外分する点をそれぞれ C，D とおくとき，$\overrightarrow{OC}$ と $\overrightarrow{OD}$

2 ▶2つのベクトル $\vec{a}=(3, -1)$，$\vec{b}=(6, y)$ が，次の条件をみたすように定数 y の値を求めよ。　【(1), (2) 10点，(3) 20点】

(1)　平行

(2)　垂直

(3)　45°をなす

点
点
点

答えは次のページ ☞

1 (1) $6\vec{a}-3\vec{b}=(6\cdot2-3\cdot1,\ 6\cdot2-3\cdot4,\ 6\cdot1-3\cdot(-1))=(9,\ 0,\ 9)$

(2) $|\vec{b}|=\sqrt{1^2+4^2+(-1)^2}=\sqrt{18}=3\sqrt{2}$

(3) $\vec{a}$ と $\vec{b}$ のなす角を θ とすると
$$\cos\theta=\frac{\vec{a}\cdot\vec{b}}{|\vec{a}||\vec{b}|}=\frac{2\cdot1+2\cdot4+1\cdot(-1)}{\sqrt{2^2+2^2+1}\cdot3\sqrt{2}}=\frac{9}{9\sqrt{2}}=\frac{1}{\sqrt{2}}$$
$0\leqq\theta\leqq\pi$ なので $\theta=\dfrac{\pi}{4}$

(4) $\vec{a}+t\vec{b}=(2+t,\ 2+4t,\ 1-t)$ より
$$|\vec{a}+t\vec{b}|^2=(2+t)^2+(2+4t)^2+(1-t)^2=18t^2+18t+9=18\left(t+\frac{1}{2}\right)^2+\frac{9}{2}$$
よって, $t=-\dfrac{1}{2}$ のとき $|\vec{a}+t\vec{b}|$ は最小値をとる。　　　答 $-\dfrac{1}{2}$

(5) $\overrightarrow{\mathrm{OC}}=\dfrac{3\vec{a}+1\cdot\vec{b}}{1+3}=\left(\dfrac{7}{4},\ \dfrac{5}{2},\ \dfrac{1}{2}\right)$ 　$\overrightarrow{\mathrm{OD}}=\dfrac{-3\vec{a}+1\cdot\vec{b}}{1-3}=\left(\dfrac{5}{2},\ 1,\ 2\right)$

2 (1) $\vec{a}$ も $\vec{b}$ も $\vec{0}$ でないから, $\vec{b}=k\vec{a}$ となるような実数 k が存在すればよい。
このとき, $k=2$ であり, $y=-2$

(2) $\vec{a}\cdot\vec{b}=0$ となればよいので, $3\cdot6+(-1)y=0$ よって $y=18$

(3) $\vec{a}$ と $\vec{b}$ のなす角を θ とすると, $\vec{a}\cdot\vec{b}=|\vec{a}||\vec{b}|\cos\theta$ なので,
$$18-y=\sqrt{3^2+(-1)^2}\sqrt{6^2+y^2}\cos45°$$
$$(18-y)^2=10(36+y^2)\cdot\frac{1}{2}$$
この方程式を解いて $y=-12,\ 3$

ベクトル ステップ！

★★★★☆☆

	1回目	月	日
2回目	月	日
3回目	月	日

ドラ桜語録　文章題を攻略するには、まず出題者の意図を読み取ること。これさえできれば何も恐れなくていい。（第2巻）

▶ $\vec{a}=(8, -4, 1)$ とする。

(1) ベクトル $\vec{b}=(p, q, r)$ は
$$\vec{a}\perp\vec{b}, \ |\vec{a}|=|\vec{b}|, \ p+r=0, \ p>0$$
を満たす。このとき $\vec{b}$ を求めよ。【30点】

(2) ベクトル $\vec{c}=(s, t, u)$ は
$$\vec{a}\perp\vec{c}, \ \vec{b}\perp\vec{c}, \ |\vec{c}|=|\vec{a}|, \ s>0$$
を満たす（ただし、$\vec{b}$ は(1)で求めたものとする）。このとき $\vec{c}$ を求めよ。【30点】

(3) ベクトル $\vec{d}$ と $\vec{a}, \vec{b}, \vec{c}$ のなす角 $\theta\left(0\leqq\theta\leqq\dfrac{\pi}{2}\right)$ はすべて等しい。また、$|\vec{d}|=|\vec{a}|$ である（ただし、$\vec{b}, \vec{c}$ は(1)(2)で求めたものとする）。このとき $\vec{d}$ を求めよ。【40点】

|---|---|
	点
	点
	点

答えは次のページ

目標タイム **14分** | 1回目　分　秒 | 2回目　分　秒 | 3回目　分　秒

$$|\vec{a}| = \sqrt{8^2 + (-4)^2 + 1^2} = 9$$

(1)　$p + r = 0$ より $\vec{b} = (p,\ q,\ -p)$ とおける。

　　$|\vec{b}| = 9$ より　$p^2 + q^2 + (-p)^2 = 2p^2 + q^2 = 81$ ……①

　　$\vec{a} \perp \vec{b}$ より $8p - 4q - p = 7p - 4q = 0$ ……②

　　①，②から q を消去して計算すると　$p^2 = 16$

　　$p > 0$ より　$p = 4$　　このとき　$q = 7$

　　よって　$\vec{b} = (4,\ 7,\ -4)$

(2)　$\vec{a} \perp \vec{c}$ より $8s - 4t + u = 0$ ……①

　　$\vec{b} \perp \vec{c}$ より $4s + 7t - 4u = 0$ ……②

　　$|\vec{c}| = 9$ より　$s^2 + t^2 + u^2 = 81$ ……③

　　①，②より　$t = 4s$, $u = 8s$

　　これらを③に代入して s を求めると，$s > 0$ より　$s = 1$

　　よって　$\vec{c} = (1,\ 4,\ 8)$

(3)　(1)，(2)より $\vec{a}$, $\vec{b}$, $\vec{c}$ の長さはいずれも等しく，$\vec{d}$ はこれらとなす角
　　がすべて等しいので $\vec{a} \cdot \vec{d} = \vec{b} \cdot \vec{d} = \vec{c} \cdot \vec{d}$ が成り立つ。

　　ここで $\vec{d} = (x,\ y,\ z)$ とおくと

　　　$8x - 4y + z = 4x + 7y - 4z = x + 4y + 8z$

　　これより　$x = \dfrac{13}{5}z$, $y = \dfrac{7}{5}z$

　　これらを $|\vec{d}|^2 = x^2 + y^2 + z^2 = 81$ に代入して計算すると　$z = \pm\dfrac{5}{\sqrt{3}}$

　　このとき　$x = \pm\dfrac{13}{\sqrt{3}}$, $y = \pm\dfrac{7}{\sqrt{3}}$　（複号同順）

　　$\vec{d} = \pm\left(\dfrac{13}{\sqrt{3}},\ \dfrac{7}{\sqrt{3}},\ \dfrac{5}{\sqrt{3}}\right)$ のとき，$\vec{a}$ と $\vec{d}$ のなす角を θ とすると

　　　$\cos\theta = \dfrac{\pm\dfrac{1}{\sqrt{3}}(8 \cdot 13 - 4 \cdot 7 + 1 \cdot 5)}{|\vec{a}||\vec{d}|} = \pm\dfrac{81}{81\sqrt{3}} = \pm\dfrac{1}{\sqrt{3}}$

　　$0 \leqq \theta \leqq \dfrac{\pi}{2}$ なので　$\cos\theta = \dfrac{1}{\sqrt{3}}$

　　よって　$\vec{d} = \left(\dfrac{13}{\sqrt{3}},\ \dfrac{7}{\sqrt{3}},\ \dfrac{5}{\sqrt{3}}\right)$

㊟これら4つのベクトルの終点はOを中心とする半径9の球面上にある。

1 ▶ △OABに対して $\overrightarrow{OP} = s\overrightarrow{OA} + t\overrightarrow{OB}$ とおく。s, t が次の条件をみたしながら動くとき，点Pが動く範囲を求めよ。

【(1), (2)各15点，(3)20点】

(1)　$s+t=2$, $s \geqq 0$, $t \geqq 0$　　(2)　$2s+t=1$, $s \geqq 0$, $t \leqq 0$

(3)　$\dfrac{s}{2} - 3t = 2$　$s \geqq 0$, $t \leqq 0$

2 ▶ 四面体 OABC において，辺 OA を $1:3$ に内分する点を P，辺 AB を $1:1$ に内分する点を Q，辺 OC を $1:2$ に内分する点を R とする。平面 PQR と辺 BC の交点を X とする。$\vec{a} = \overrightarrow{OA}$, $\vec{b} = \overrightarrow{OB}$, $\vec{c} = \overrightarrow{OC}$ とおく。

【(1), (2)各10点，(3)30点】

(1)　$\overrightarrow{PQ}$ を $\vec{a}$ と $\vec{b}$ を用いて表せ。

(2)　$\overrightarrow{PR}$ を $\vec{a}$ と $\vec{b}$ を用いて表せ。

(3)　BX : XC を求めよ。

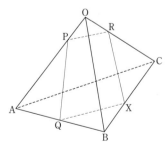

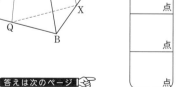

答えは次のページ 🖙

| 点 |
| 点 |
| 点 |

1 $\overrightarrow{\mathrm{OP}} = (1-k)\overrightarrow{\mathrm{OA}} + k\overrightarrow{\mathrm{OB}}$ をみたす点 P は線分 AB を $k:(1-k)$ に分けることを利用して解く。

(1) $\overrightarrow{\mathrm{OP}} = \dfrac{s}{2}(2\overrightarrow{\mathrm{OA}}) + \dfrac{t}{2}(2\overrightarrow{\mathrm{OB}})$ と変形すると，$\dfrac{s}{2} + \dfrac{t}{2} = 1$，

$\dfrac{s}{2} \geqq 0$，$\dfrac{t}{2} \geqq 0$ なので，$\overrightarrow{\mathrm{OA'}} = 2\overrightarrow{\mathrm{OA}}$，$\overrightarrow{\mathrm{OB'}} = 2\overrightarrow{\mathrm{OB}}$

とおくとき，P は線分 A′B′ 上を動く。

(2) $\overrightarrow{\mathrm{OP}} = 2s\left(\dfrac{1}{2}\overrightarrow{\mathrm{OA}}\right) + t\overrightarrow{\mathrm{OB}}$ と変形すると，$2s + t = 1$，$2s \geqq 0$，$t \leqq 0$

よって $\overrightarrow{\mathrm{OA'}} = \dfrac{1}{2}\overrightarrow{\mathrm{OA}}$ とおくとき，**P は直線 A′B 内の A′ を端点とする半**

直線のうち，B を含まない方を動く。

(3) $\overrightarrow{\mathrm{OP}} = \dfrac{s}{2}(2\overrightarrow{\mathrm{OA}}) + (-3t)\left(-\dfrac{1}{3}\overrightarrow{\mathrm{OB}}\right) = \dfrac{s}{4}(4\overrightarrow{\mathrm{OA}}) + \left(-\dfrac{3}{2}t\right)\left(-\dfrac{2}{3}\overrightarrow{\mathrm{OB}}\right)$

と変形すると，$\dfrac{s}{4} + \left(-\dfrac{3}{2}t\right) = 1$，$\dfrac{s}{4} \geqq 0$，$\left(-\dfrac{3}{2}t\right) \geqq 0$

よって $\overrightarrow{\mathrm{OA'}} = 4\overrightarrow{\mathrm{OA}}$，$\overrightarrow{\mathrm{OB'}} = -\dfrac{2}{3}\overrightarrow{\mathrm{OB}}$ とおくとき，**P は線分 A′B′ 上を動く。**

2 (1)(2) $\overrightarrow{\mathrm{OP}}$，$\overrightarrow{\mathrm{OQ}}$，$\overrightarrow{\mathrm{OR}}$ を $\vec{a}$，$\vec{b}$，$\vec{c}$ を用いて表すと，

$\overrightarrow{\mathrm{OP}} = \dfrac{\vec{a}}{4}$，$\overrightarrow{\mathrm{OQ}} = \dfrac{\vec{a}+\vec{b}}{2}$，$\overrightarrow{\mathrm{OR}} = \dfrac{\vec{c}}{3}$ なので，

$\overrightarrow{\mathrm{PQ}} = \overrightarrow{\mathrm{OQ}} - \overrightarrow{\mathrm{OP}} = \dfrac{\vec{a}+\vec{b}}{2} - \dfrac{\vec{a}}{4} = \dfrac{\vec{a}+2\vec{b}}{4}$，

$\overrightarrow{\mathrm{PR}} = \overrightarrow{\mathrm{OR}} - \overrightarrow{\mathrm{OP}} = \dfrac{\vec{c}}{3} - \dfrac{\vec{a}}{4} = \dfrac{4\vec{c}-3\vec{a}}{12}$

(3) 点 X は平面 PQR 上にあるので，$\overrightarrow{\mathrm{PX}} = s\overrightarrow{\mathrm{PQ}} + t\overrightarrow{\mathrm{PR}}$ となる実数 s，t

が存在する。したがって $\overrightarrow{\mathrm{OX}} - \dfrac{\vec{a}}{4} = s \cdot \dfrac{\vec{a}+2\vec{b}}{4} + t \cdot \dfrac{4\vec{c}-3\vec{a}}{12}$ より，

$\overrightarrow{\mathrm{OX}} = \dfrac{1}{12}\{(3s-3t+3)\vec{a} + 6s\vec{b} + 4t\vec{c}\}$

一方，点 X は辺 BC 上にあるので，$\overrightarrow{\mathrm{OX}} = (1-k)\vec{b} + k\vec{c}$ となる実数

$k\,(0 \leqq k \leqq 1)$ が存在する。$\vec{a}$，$\vec{b}$，$\vec{c}$ は $\vec{0}$ でなく同一平面内のベクトル

ではないので，$\dfrac{1}{12}(3s-3t+3) = 0$，$\dfrac{6s}{12} = 1-k$，$\dfrac{4t}{12} = k$

これを解いて $s = \dfrac{4}{5}$，$t = \dfrac{9}{5}$，$k = \dfrac{3}{5}$　よって **BX : XC = $k:(1-k)$ = 3 : 2**

17限目 平面上の曲線

1 ▶次の楕円について，概形をかき，離心率 e，焦点の座標を求めよ。【1問 25 点】

(1) $\dfrac{x^2}{9}+\dfrac{y^2}{4}=1$

(2) $3x^2+2y^2=6$

2 ▶次の双曲線について，その概形および漸近線をかき，離心率 e，焦点の座標，漸近線の方程式を求めよ。【1問 25 点】

(1) $x^2-\dfrac{y^2}{2}=1$

(2) $x^2-4y^2=-1$

答えは次のページ

2 次曲線の焦点は，曲線の "内側" にある。
楕円，双曲線なら，2 つの焦点の中点が中心だ。

桜木MEMO

曲線の式	図形	離心率 e	焦点	準線
$\dfrac{x^2}{a^2}+\dfrac{y^2}{b^2}=1$ $(a>b>0)$	楕円	$\dfrac{\sqrt{a^2-b^2}}{a}$	$(\pm\sqrt{a^2-b^2},\,0)$ $=(\pm ae,\,0)$	$x=\dfrac{\pm a^2}{\sqrt{a^2-b^2}}\left(=\pm\dfrac{a}{e}\right)$
$\dfrac{x^2}{a^2}+\dfrac{y^2}{b^2}=1$ $(b>a>0)$		$\dfrac{\sqrt{b^2-a^2}}{b}$	$(0,\,\pm\sqrt{b^2-a^2})$ $=(0,\,\pm be)$	$y=\dfrac{\pm b^2}{\sqrt{b^2-a^2}}\left(=\pm\dfrac{b}{e}\right)$
$\dfrac{x^2}{a^2}-\dfrac{y^2}{b^2}=1$ $(a>0,\,b>0)$	双曲線	$\dfrac{\sqrt{a^2+b^2}}{a}$	$(\pm\sqrt{a^2+b^2},\,0)$ $=(\pm ae,\,0)$	$x=\dfrac{\pm a^2}{\sqrt{a^2+b^2}}\left(=\pm\dfrac{a}{e}\right)$
$\dfrac{x^2}{a^2}-\dfrac{y^2}{b^2}=-1$ $(a>0,\,b>0)$		$\dfrac{\sqrt{a^2+b^2}}{b}$	$(0,\,\pm\sqrt{a^2+b^2})$ $=(0,\,\pm be)$	$y=\dfrac{\pm b^2}{\sqrt{a^2+b^2}}\left(=\pm\dfrac{b}{e}\right)$
$y^2=4px$ $(p\neq0)$	放物線	1	$(p,\,0)$	$x=-p$
$x^2=4py$ $(p\neq0)$			$(0,\,p)$	$y=-p$

点

点

点

目標タイム **5** 分 ｜ 1回目 　分 　秒 ｜ 2回目 　分 　秒 ｜ 3回目 　分 　秒

1 (1) $\dfrac{x^2}{3^2}+\dfrac{y^2}{2^2}=1$　より

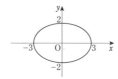

$e=\dfrac{\sqrt{3^2-2^2}}{3}=\dfrac{\sqrt{5}}{3}$

焦点は

$(\pm 3e,\ 0)=(\pm\sqrt{5},\ 0)$

(2) $\dfrac{x^2}{(\sqrt{2}\,)^2}+\dfrac{y^2}{(\sqrt{3}\,)^2}=1$　より

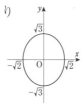

$e=\dfrac{\sqrt{3-2}}{\sqrt{3}}=\dfrac{1}{\sqrt{3}}$

焦点は

$(0,\ \pm\sqrt{3}\,e)=(0,\ \pm 1)$

2 (1) $\dfrac{x^2}{1^2}-\dfrac{y^2}{(\sqrt{2}\,)^2}=1$　より

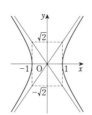

$e=\dfrac{\sqrt{1+2}}{1}=\sqrt{3}$

焦点は

$(\pm 1\cdot\sqrt{3},\ 0)=(\pm\sqrt{3},\ 0)$

漸近線は,

$y=\sqrt{2}\,x,\ y=-\sqrt{2}\,x$

(2) $x^2-\dfrac{y^2}{\left(\dfrac{1}{2}\right)^2}=-1$　より

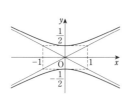

$e=\dfrac{\sqrt{1^2+\left(\dfrac{1}{2}\right)^2}}{\dfrac{1}{2}}=\sqrt{5}$

焦点は$\left(0,\ \pm\dfrac{1}{2}\cdot\sqrt{5}\right)=\left(0,\ \pm\dfrac{\sqrt{5}}{2}\right)$

漸近線は,

$y=\dfrac{1}{2}x,\ y=-\dfrac{1}{2}x$

双曲線の漸近線は，右辺の 1 や -1 を 0 とおき
かえて，方程式を解く要領で y を x で表せば
求められる。

平面上の曲線
ホップ！ステップ！

★★★★☆☆

1回目	月	日
2回目	月	日
3回目	月	日

☆ドラ桜語録☆

急いで計算しようとすると計算ミスが増えて逆に検算とかで時間がかかるから気をつけて。（第8巻）

1 ▶次の条件を満たす曲線の方程式を求めよ。【1問20点】

(1) 焦点が $F(6, 0)$，$F'(0, 0)$ で，F と F' からの距離の和が 10 である楕円。

(2) 焦点が $F(0, 5)$，$F'(0, 1)$ で，F と F' からの距離の差が 2 である双曲線。

(3) 焦点が $F(6, 4)$，準線が y 軸である放物線。

2 ▶次の極方程式で表される図形を直交座標に関する方程式で表せ。【1問20点】

(1) $r = 3$

(2) $r = 2\cos\theta$

答えは次のページ

極方程式を直交座標に関する方程式で表すには，r^2, $r\cos\theta$, $r\sin\theta$ をうまくつくって，それぞれ x^2+y^2, x, y におきかえるのがコツだ。

	点
	点
	点

平面上の曲線

1 (1) 直線 FF′ は x 軸と一致するので，長軸は x 軸上にある。そこで求める方程式を

$$\frac{(x-x_1)^2}{a^2}+\frac{y^2}{b^2}=1 \quad (a>b>0)$$

とおくと，焦点の x 座標について
$x_1-\sqrt{a^2-b^2}=0,\ x_1+\sqrt{a^2-b^2}=6$
で，右図において $2a=\mathrm{AF'}+\mathrm{AF}=10$
である。よって，$a=5,\ b=4,\ x_1=3$

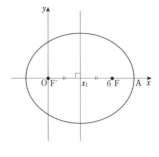

よって求める方程式は，$\dfrac{(x-3)^2}{25}+\dfrac{y^2}{16}=1$

㊟ FF′ の中心がこの楕円の中心なので，$(x_1,\ 0)=(3,\ 0)$ と考えることもできる。

(2) 直線 FF′ は y 軸であり，これが主軸である。そこで求める方程式を

$$\frac{x^2}{a^2}-\frac{(y-y_1)^2}{b^2}=-1 \quad (a>0,\ b>0)$$

とおくと，焦点の y 座標について
$y_1+\sqrt{a^2+b^2}=5,\ y_1-\sqrt{a^2+b^2}=1$
で，右図において $2b=\mathrm{AF'}-\mathrm{AF}=2$ である。よって，$a=\sqrt{3},\ b=1,\ y_1=3$

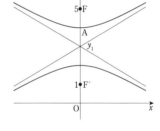

よって求める方程式は，$\dfrac{x^2}{3}-(y-3)^2=-1$

㊟ FF′ の中心がこの楕円の中心なので，$(0,\ y_1)=(0,\ 3)$ と考えることもできる。

(3) 放物線の頂点は焦点から準線におろした垂線の中点にあるので，$(3,\ 4)$
　　そこで，この放物線の式を
$(y-4)^2=4p(x-3)$ とおくと，頂点と焦点の間の距離が 3 なので，$p=3$
　　この放物線の式は
$(y-4)^2=12(x-3)$

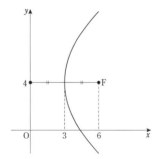

2 (1) $r=3$ より $r^2=9$ なので $x^2+y^2=9$

(2) $r=2\cos\theta$ の両辺に r をかけて $r^2=2r\cos\theta$
したがって $x^2+y^2=2x$ よって $(x-1)^2+y^2=1$

1 ▶楕円 $2x^2 + y^2 = 1$ に点 $(1,\ 7)$ から接線を引く。
　このとき，次を求めよ。【1問 20点】

(1) 接点の座標　　　　(2) 接線の方程式

(3) 2つの接点を通る直線の方程式

グラフ：点 $(1,\ 7)$，楕円（x軸切片 $-\frac{1}{\sqrt{2}}$, $\frac{1}{\sqrt{2}}$，y軸切片 -1, 1）

2 ▶次の極方程式で表される図形を直交座標に関する方程式で表
　し，図示せよ。【1問 20点】

(1) $r = \dfrac{1}{1 - \cos\theta}$ $(0 < \theta < 2\pi)$　　　　(2) $r = \dfrac{3}{2 + \sin\theta}$

答えは次のページ ☞

桜木MEMO

2次曲線上の点 (x_1, y_1) での接線の方程式

放物線	$y^2 = 4px$	$y_1 y = 2p(x + x_1)$
楕円	$\dfrac{x^2}{a^2} + \dfrac{y^2}{b^2} = 1$	$\dfrac{x_1 x}{a^2} + \dfrac{y_1 y}{b^2} = 1$
双曲線	$\dfrac{x^2}{a^2} - \dfrac{y^2}{b^2} = 1$	$\dfrac{x_1 x}{a^2} - \dfrac{y_1 y}{b^2} = 1$

	点
	点
	点

目標タイム 12分 | 1回目 　分　　秒 | 2回目 　分　　秒 | 3回目 　分　　秒

101

1 (1) この楕円上の点 $P(p, q)$ における接線の方程式は $2px+qy=1$ である。この直線が $(1, 7)$ を通るので、$2p+7q=1$ が成り立つ。一方 (p, q) は $2p^2+q^2=1$ をみたす。これらを連立させて p, q を求めると $(p, q)=\left(-\dfrac{2}{3}, \dfrac{1}{3}\right), \left(\dfrac{12}{17}, -\dfrac{1}{17}\right)$

(2) 各接点の座標を接線の方程式に代入して計算すると
$y=4x+3, y=24x-17$

(3) (1)の $\left(-\dfrac{2}{3}, \dfrac{1}{3}\right), \left(\dfrac{12}{17}, -\dfrac{1}{17}\right)$ は $2x^2+y^2=1$ と $2x+7y=1$ を連立させたときの解でもある。これは直線 $2x+7y=1$ が2つの接点を通ることを表している。よって求める直線の方程式は $2x+7y=1$

2 (1) $r=\dfrac{1}{1-\cos\theta}$ より $r(1-\cos\theta)=1 \Rightarrow r=1+r\cos\theta$
$\Rightarrow r^2=(1+r\cos\theta)^2 \Rightarrow x^2+y^2=(1+x)^2$
$\Rightarrow y^2=2x+1$

(2) $r=\dfrac{3}{2+\sin\theta}$ より $r(2+\sin\theta)=3 \Rightarrow 2r=3-r\sin\theta$
$\Rightarrow 4r^2=(3-r\sin\theta)^2 \Rightarrow 4(x^2+y^2)=(3-y)^2$
$\Rightarrow 4x^2+3(y+1)^2=12 \Rightarrow \dfrac{x^2}{3}+\dfrac{(y+1)^2}{4}=1$

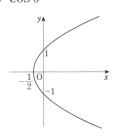

注(1)は O が焦点。(2)は O が1つの焦点である。

18限目 複素数平面

1 ▶複素数 $z=-1+\sqrt{3}\,i$ に対し，次のものを求めよ。【1問20点】

(1) $\overline{z}$ 　　　　(2) 極形式 　　　　(3) z^9

2 ▶複素数平面上において，次の式を満たす点 z 全体が表す図形を言い，複素数平面上に図示せよ。【1問20点】

(1) $|z-1|=|z-i|$ 　　　　(2) $|z-i|=2$

答えは次のページ

複素数の和と差は $z=x+yi$ の形がわかりやすいが、積と商は極形式によくなじむ。うまく使いわけろ。

桜木MEMO

・複素数 $z=x+yi$（x,y：実数，$z\neq0$）の極形式

$z=r(\cos\theta+i\sin\theta)$　ただし，$r=\sqrt{x^2+y^2}$, $\cos\theta=\dfrac{x}{r}$, $\sin\theta=\dfrac{y}{r}$

・$z_1=r_1(\cos\theta_1+i\sin\theta_1)$, $z_2=r_2(\cos\theta_2+i\sin\theta_2)$ に対し，

$z_1z_2=r_1r_2\{\cos(\theta_1+\theta_2)+i\sin(\theta_1+\theta_2)\}$

$\dfrac{z_1}{z_2}=\dfrac{r_1}{r_2}\{\cos(\theta_1-\theta_2)+i\sin(\theta_1-\theta_2)\}$

・ド・モアブルの定理　$(\cos\theta+i\sin\theta)^n=\cos n\theta+i\sin n\theta$

（n：整数）

・1のn乗根　$w_k=\cos\dfrac{2k\pi}{n}+i\sin\dfrac{2k\pi}{n}$　（$k=0,1,\cdots,n-1$）

点

点

点

目標タイム **1.5分**　1回目　　分　　秒　2回目　　分　　秒　3回目　　分　　秒

1 (1)　$z=-1+\sqrt{3}\,i$ なので，$\overline{z}=-1-\sqrt{3}\,i$

(2)　z の絶対値は，$|z|=\sqrt{(-1)^2+(\sqrt{3})^2}=2$

図より $0\leqq\theta<2\pi$ の範囲で偏角 θ は $\theta=\dfrac{2}{3}\pi$

よって，$z=2\left(\cos\dfrac{2}{3}\pi+i\sin\dfrac{2}{3}\pi\right)$

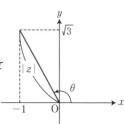

(3)　$z^9=2^9\left\{\cos\left(9\cdot\dfrac{2}{3}\pi\right)+i\sin\left(9\cdot\dfrac{2}{3}\pi\right)\right\}$
　　　$=512(\cos6\pi+i\sin6\pi)$
　　　$=512(1+0i)=\textbf{512}$

2 (1)　点 z から点 1 および点 i まで
　　の距離が等しいという式なの
　　で，**点 1 と点 i を結ぶ線分の垂**
　　直二等分線である。

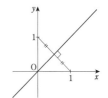

(2)　点 i からの距離が 2 であると
　　いう式なので，**点 i を中心とす**
　　る半径 2 の円である。

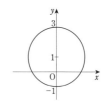

なにこれ！　複素数っていうけど
三角関数ばっかりじゃない！

極形式を使うとそうなるな。だから複素数は
図形と結びつく。その結果複素数を使って
他の問題も解けるようになる。

複素数平面
ホップ！

★★★☆☆☆

1回目	月	日
2回目	月	日
3回目	月	日

1 ▶次の複素数 z または計算結果を極形式であらわせ。

【1問 10 点】

(1) $-3i$

(2) $\left(1+\sqrt{3}\,i\right)(1-i)$

2 ▶$z = 1 + \sqrt{3}\,i$ に対し，次のものを求めよ。【1問 20 点】

(1) $z + \dfrac{1}{z}$

(2) $1 + z + z^2 + z^3 + z^4 + z^5$

3 ▶次の方程式を解け。【1問 20 点】

(1) $3z + 5i - 3 = 2\overline{z}$

(2) $z + \dfrac{3}{z} = 2i$

答えは次のページ

	点
	点
	点

1 (1) 図より，$z = 3\left(\cos\dfrac{3}{2}\pi + i\sin\dfrac{3}{2}\pi\right)$

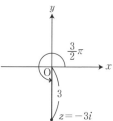

(2) $(1+\sqrt{3}\,i)(1-i)$

$= 2\left(\cos\dfrac{\pi}{3} + i\sin\dfrac{\pi}{3}\right)\cdot\sqrt{2}\left(\cos\dfrac{7}{4}\pi + i\sin\dfrac{7}{4}\pi\right)$

$= 2\sqrt{2}\left\{\cos\left(\dfrac{1}{3} + \dfrac{7}{4}\right)\pi + i\sin\left(\dfrac{1}{3} + \dfrac{7}{4}\right)\pi\right\}$

$= 2\sqrt{2}\left(\cos\dfrac{\pi}{12} + i\sin\dfrac{\pi}{12}\right)$

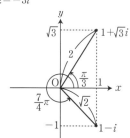

2 (1) $z + \dfrac{1}{z} = z + \dfrac{z}{z\bar{z}} = z + \dfrac{z}{4} = \dfrac{5}{4}z = \dfrac{5}{4} + \dfrac{5\sqrt{3}}{4}i$

(2) $1 + z + z^2 + z^3 + z^4 + z^5 = \dfrac{z^6-1}{z-1}$ で，

$z^6 = 2^6\left\{\cos\left(6\cdot\dfrac{\pi}{3}\right) + i\sin\left(6\cdot\dfrac{\pi}{3}\right)\right\} = 64$ なので

与式 $= \dfrac{64-1}{(1+\sqrt{3}\,i)-1} = \dfrac{63}{\sqrt{3}\,i} = -\dfrac{63}{\sqrt{3}}i = -21\sqrt{3}\,i$

3 (1) $z = x + yi$（x，y は実数）とおく。

$3z + 5i - 3 = 2\bar{z}$ ➡ $3(x+yi) + 5i - 3 = 2(x-yi)$

　　　　　　　➡ $(3x-3) + (3y+5)i = 2x - 2yi$　より

$\begin{cases} 3x-3 = 2x \\ 3y+5 = -2y \end{cases}$ ➡ $x = 3$，$y = -1$　よって　$z = 3 - i$

<u>　答　$z = 3 - i$　</u>

(2) $z + \dfrac{3}{z} = 2i$ の両辺に z をかけて

$z^2 + 3 = 2iz$ ➡ $z^2 - 2iz = -3$ ➡ $(z-i)^2 - i^2 = -3$

　　　　　　➡ $(z-i)^2 = -3 + i^2$ ➡ $(z-i)^2 = -4$

よって　$z - i = \pm 2i$

　　　　$z = i \pm 2i$

　　　　$z = -i,\ 3i$

<u>　答　$z = -i,\ 3i$　</u>

複素数平面
ステップ！

★★★★☆☆

1回目	月	日
2回目	月	日
3回目	月	日

☆ドラ桜語録 ☆ 与えられるんじゃなくてめえの力で獲得してみろ！（第5巻）

1 ▶次の方程式を解け。【1問25点】

(1) $z^2 = 2i$

(2) $z^6 = 27$

2 ▶複素数平面上において，次の式を満たす点 z 全体が表す図形を言い，複素数平面上に図示せよ。【1問25点】

(1) $|z-2i| = |2z-i|$

(2) $|z-1| + |z+1| = 4$

点

点

点

答えは次のページ

1 (1) $z = x + yi$ (x, y は実数) とおく。

$z^2 = 2i$ ➡ $(x + yi)^2 = 2i$ ➡ $x^2 + 2xyi - y^2 = 2i$　より

$$\begin{cases} x^2 - y^2 = 0 \\ 2xy = 2 \end{cases} \Rightarrow \begin{cases} x = \pm y \\ xy = 1 \quad \cdots\cdots① \end{cases}$$

$x = -y$ のとき，①は $-x^2 = 1$ となるが，これを満たす実数 x は存在しない。

$x = y$ のとき，①は $x^2 = 1$ となるので　$x = \pm 1$

このとき　$y = \pm 1$　　よって　$z = \pm(1+i)$

答　$\boldsymbol{z = \pm(1+i)}$

㊟この問題は p.109 **1** と同様にしてもできる。

(2)　1 の 6 乗根は

$$w_k = \cos\frac{2k\pi}{6} + i\sin\frac{2k\pi}{6} = \cos\frac{k\pi}{3} + i\sin\frac{k\pi}{3} \quad (k=0, 1, \cdots, 5)$$

である。また，$|z|^6 = 27$ をみたす正の数 $|z|$ は $\sqrt{3}$ なので，求める解は，$\sqrt{3}\, w_k$ すなわち，$\pm\sqrt{3}$, $\pm\dfrac{\sqrt{3}+3i}{2}$, $\pm\dfrac{\sqrt{3}-3i}{2}$

答　$\boldsymbol{z = \pm\sqrt{3}}$, $\boldsymbol{\pm\dfrac{\sqrt{3}+3i}{2}}$, $\boldsymbol{\pm\dfrac{\sqrt{3}-3i}{2}}$

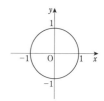

2 (1) $|z - 2i| = |2z - i|$ の両辺を 2 乗すると

$|z - 2i|^2 = |2z - i|^2$ ➡ $(z - 2i)\overline{(z - 2i)} = (2z - i)\overline{(2z - i)}$

➡ $(z - 2i)(\overline{z} + 2i) = (2z - i)(2\overline{z} + i)$

➡ $z\overline{z} = 1$ ➡ $|z| = 1$ となるので，

O を中心とする半径 1 の円

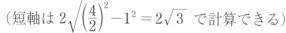

(2)　点 1 から z までの距離と点 (-1) から z まで の距離の和が一定値 4 なので，**点 1 と点 (-1) を焦点とする長軸が 4，短軸が $2\sqrt{3}$ の楕円。**

（短軸は $2\sqrt{\left(\dfrac{4}{2}\right)^2 - 1^2} = 2\sqrt{3}$ で計算できる）

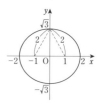

複素数平面 ジャンプ！

1 ▶次の方程式を解け。【40点】

$$z^3 = -8i$$

2 ▶複素数平面上において，等式 $z\bar{z} + z + \bar{z} = 3$ を満たす点 z 全体が表す図形 C を考える。【(1)20点，(2)1問20点】

(1)　C を複素数平面上に図示せよ。

(2)　点 z が C 上を動くとき，次の式で表される点 w が描く図形を複素数平面上に図示せよ。

　　(i)　$w = \dfrac{1}{z}$　　　　　　(ii)　$w = \dfrac{1}{z-1}$　（ただし，$z \neq 1$）

答えは次のページ

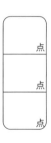

1 $z = r(\cos\theta + i\sin\theta)$ $(r > 0,\ 0 \leqq \theta < 2\pi)$ とおくと

$z^3 = r^3(\cos 3\theta + i\sin 3\theta)$

$-8i = 8\left(\cos\dfrac{3}{2}\pi + i\sin\dfrac{3}{2}\pi\right)$ なので,

$r^3 = 8,\ 3\theta = \dfrac{3}{2}\pi + 2k\pi$ $(k:$整数$)$ となる。よって

$r = 2,\ \theta = \dfrac{\pi}{2} + \dfrac{2}{3}k\pi$

$0 \leqq \theta < 2\pi$ なので,求める z は,$k = 0,\ 1,\ 2$ のとき。

$k = 0$ のとき $z = 2\left(\cos\dfrac{\pi}{2} + i\sin\dfrac{\pi}{2}\right) = 2i$

$k = 1$ のとき $z = 2\left(\cos\dfrac{7}{6}\pi + i\sin\dfrac{7}{6}\pi\right) = -\sqrt{3} - i$

$k = 2$ のとき $z = 2\left(\cos\dfrac{11}{6}\pi + i\sin\dfrac{11}{6}\pi\right) = \sqrt{3} - i$

<u>答 $2i,\ -\sqrt{3} - i,\ \sqrt{3} - i$</u>

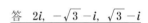

2 (1) $z\bar{z} + z + \bar{z} = 3$ を変形していくと

$(z+1)(\bar{z}+1) = 4$ ➡ $(z+1)\overline{(z+1)} = 4$ ➡ $|z+1|^2 = 4$

➡ $|z+1| = 2$ ➡ $|z-(-1)| = 2$ となるので

点(-1)を中心とする半径2の円

(2)(i) $z = \dfrac{1}{w}$ を C の式に代入して,

$\dfrac{1}{w}\overline{\left(\dfrac{1}{w}\right)} + \dfrac{1}{w} + \overline{\left(\dfrac{1}{w}\right)} = 3$ ➡ $1 + \bar{w} + w = 3w\bar{w}$

➡ $w\bar{w} - \dfrac{w}{3} - \dfrac{\bar{w}}{3} - \dfrac{1}{3} = 0$ ➡ $\left(w - \dfrac{1}{3}\right)\left(\bar{w} - \dfrac{1}{3}\right) = \dfrac{4}{9}$

➡ $\left|w - \dfrac{1}{3}\right|^2 = \dfrac{4}{9}$ ➡ $\left|w - \dfrac{1}{3}\right| = \dfrac{2}{3}$

これを図示すると右のような**点$\dfrac{1}{3}$を中心とする半径$\dfrac{2}{3}$の円**になる。

(ii) $z = \dfrac{1}{w} + 1$ を C の式に代入して

$\left(\dfrac{1}{w}+1\right)\overline{\left(\dfrac{1}{w}+1\right)} + \left(\dfrac{1}{w}+1\right) + \overline{\left(\dfrac{1}{w}+1\right)} = 3$ ➡ $\dfrac{1}{w\bar{w}} + \dfrac{2}{w} + \dfrac{2}{\bar{w}} = 0$

➡ $1 + 2\bar{w} + 2w = 0,$ ここで $w = x + iy$ とおくと

$1 + 4x = 0$ これを図示すると右のような**点$\left(-\dfrac{1}{4}\right)$を通る$y$軸に平行な直線**になる。

別解 $w = \dfrac{1}{z-1}$ より $z = \dfrac{1}{w} + 1$ これを(1)の結果の $|z+1| = 2$ に代入して,

$\left|\dfrac{1}{w} + 2\right| = 2$

両辺に $|w|$ をかけて整理すると $\left|w + \dfrac{1}{2}\right| = |w|$

よって,点 w は点 $\left(-\dfrac{1}{2}\right)$ と点 0 を結ぶ線分の垂直二等分線を描く。

つまり,**点 $\left(-\dfrac{1}{4}\right)$ を通る y 軸に平行な直線**

1 ▶ある工場で生産された製品 A については，1% の割合で不良品があるという。1100 個の製品 A について，不良品の個数を X とするとき，X の期待値 $E(X)$ と標準偏差 $\sigma(X)$ を求めよ。

【$E(X)$：20 点，　$\sigma(X)$：30 点】

2 ▶確率変数 X が正規分布 $N(10, 5^2)$ に従うとき，p.119 の正規分布表を用いて次の確率を求めよ。【1 問 25 点】

(1)　$P(X \leqq 14)$　　　　　　　　(2)　$P(8 \leqq X \leqq 15)$

答えは次のページ

ここでの標本は英語では sample だ。全体を調べるためにいくつか取り出すものという感じは英語の方がわかりやすいかもな。

桜木MEMO

X, Y を確率変数，a, b を定数とするとき，期待値 E，分散 V，標準偏差 σ について，

・$E(aX+b)=aE(X)+b$　　　$E(X+Y)=E(X)+E(Y)$
　$V(aX+b)=a^2 V(X)$　　　　$\sigma(aX+b)=|a|\sigma(X)$

・X と Y が独立であるとき
　$E(XY)=E(X)\cdot E(Y)$　　　$V(X+Y)=V(X)+V(Y)$

・X が二項分布 $B(n, p)$ に従うとき
　$E(X)=np$　$V(X)=np(1-p)$　$\sigma(X)=\sqrt{np(1-p)}$
　そして n が十分に大きければ
　$B(n, p)$ は正規分布 $N(np, np(1-p))$ で近似できる。

・X が正規分布 $N(m, \sigma^2)$ に従うとき，
　$Z=\dfrac{X-m}{\sigma}$ とおくと，Z は標準正規分布 $N(0, 1)$ に従う。

点

点

点

目標タイム 4 分　1回目　　分　　　秒　　2回目　　分　　　秒　　3回目　　分　　　秒

1 それぞれの製品について不良品であるか，ないかの 2 通りを考えているので，X は二項分布 $B(1100, 0.01)$ に従う。よって
$$E(X) = 1100 \cdot 0.01 = 11, \quad \sigma(X) = \sqrt{1100 \cdot 0.01 \cdot 0.99} = 3.3$$

2 $Z = \dfrac{X-10}{5}$ とおくと Z は標準正規分布 $N(0, 1)$ に従う。

(1) $X = 14$ のとき $Z = 0.8$ なので
$$P(X \leqq 14) = P(Z \leqq 0.8)$$
$$= 0.5 + 0.2881 = \mathbf{0.7881}$$

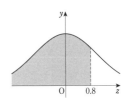

(2) $X = 8$ のとき $Z = -0.4$，$X = 15$ のとき $Z = 1$ なので，
$$P(8 \leqq X \leqq 15) = P(-0.4 \leqq Z \leqq 1)$$
$$= P(-0.4 \leqq Z \leqq 0) + P(0 \leqq Z \leqq 1)$$
$$= P(0 \leqq Z \leqq 0.4) + P(0 \leqq Z \leqq 1)$$
$$= 0.1554 + 0.3413 = \mathbf{0.4967}$$

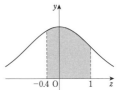

正規分布だと，いつも表を使うの？

基本的にはそうだが，Z が標準正規分布に従うとき
$$P(|Z| \leqq 1.96) = 0.95, \quad P(|Z| \leqq 2.58) = 0.99$$
は覚えておけ。

統計的な推測
ホップ！

★★★☆☆☆

1回目	月	日
2回目	月	日
3回目	月	日

1 ▶ 1から7までの整数が等確率で表示されるアプリ A と，1から5までの整数が等確率で表示されるアプリ B がある。確率変数 X, Y をそれぞれアプリ A，アプリ B で表示される数とおくとき，次を求めよ。【(1)〜(5)各4点，(6)〜(10)各7点】

(1) $P(X=2)$ (2) $P(X \leqq 5)$ (3) $E(X)$

(4) $V(X)$ (5) $E(3X-2)$ (6) $V(3X-2)$

(7) $P(X \leqq 3, Y=3)$ (8) $E(X+Y)$ (9) $E(XY)$

(10) $V(X+Y)$

2 ▶ $-1 \leqq x \leqq 2$ に値をとる連続型確率変数 X の確率密度関数が

$f(x) = \dfrac{x^2}{3}$ であるとき，次を求めよ。【1問15点】

(1) $P\left(0 \leqq X \leqq \dfrac{1}{2}\right)$ (2) $E(X)$ (3) $V(X)$

点
点
点

答えは次のページ

1 (1)(2)　X は 1 から 7 を等確率でとるので，

$$P(X=2)=\frac{1}{7}, \quad P(X\leqq 5)=\frac{5}{7}$$

(3)　$E(X)=\sum_{k=1}^{7}k\cdot\frac{1}{7}=4$

(4)　$V(X)=E(X^2)-\{E(X)\}^2=\sum_{k=1}^{7}k^2\cdot\frac{1}{7}-4^2=\frac{7\cdot8\cdot15}{6}\cdot\frac{1}{7}-16=4$

(5)　$E(3X-2)=3E(X)-2=10$

(6)　$V(3X-2)=3^2\,V(X)=36$

(7)　X と Y は独立なので

$$P(X\leqq 3,\ Y=3)=P(X\leqq 3)\cdot P(Y=3)=\frac{3}{7}\cdot\frac{1}{5}=\frac{3}{35}$$

(8)　(3)と同様に計算すると $E(Y)=3$
　　よって $E(X+Y)=E(X)+E(Y)=7$

(9)　X と Y は独立なので，$E(XY)=E(X)\cdot E(Y)=12$

(10)　(4)と同様に計算すると $V(Y)=2$
　　X と Y は独立なので $V(X+Y)=V(X)+V(Y)=6$

2 (1)　$P\left(0\leqq X\leqq\frac{1}{2}\right)=\int_{0}^{\frac{1}{2}}f(x)dx=\int_{0}^{\frac{1}{2}}\frac{x^2}{3}dx=\frac{1}{72}$

(2)　$E(X)=\int_{-1}^{2}xf(x)dx=\int_{-1}^{2}\frac{x^3}{3}dx=\frac{5}{4}$

(3)　$V(X)=\int_{-1}^{2}(x-E(X))^2f(x)\,dx=\int_{-1}^{2}\left(x-\frac{5}{4}\right)^2\cdot\frac{x^2}{3}\,dx$

$$=\frac{1}{3}\int_{-1}^{2}\left(x^4-\frac{5}{2}x^3+\frac{25}{16}x^2\right)dx=\frac{51}{80}$$

統計的な推測
ステップ！

★★★☆☆☆

1回目	月	日
2回目	月	日
3回目	月	日

1 ▶ある全国学力調査では母平均 m が 63 点，母標準偏差 σ が 27 点であった。この母集団から，大きさ 100 の標本を抽出し，その標本平均を $\overline{X}$ とするとき，$\overline{X}$ の平均 $E(\overline{X})$ と標準偏差 $\sigma(\overline{X})$ を求めよ。【$E(\overline{X})$：20 点，$\sigma(\overline{X})$：40 点】

2 ▶ある市で 18 歳男子の中から 196 人を無作為に選んで体重を測定したら，平均値 $\overline{x}$ が 62.0kg，標本標準偏差 s が 10.0kg であった。この市の全 18 歳男子の平均体重を信頼度 95% で推定せよ。【40 点】

答えは次のページ

桜木MEMO

・母平均 m，母標準偏差 σ の母集団から無作為抽出された大きさ n の標本の標本平均 $\overline{X}$ について $E(\overline{X})=m$，$\sigma(\overline{X})=\dfrac{\sigma}{\sqrt{n}}$

・ある集団から十分大きな大きさ n の標本をとり出したとき，その標本平均が $\overline{x}$，母標準偏差が σ であるなら，母平均 m に対する 95% の信頼区間は

$$\overline{x}-1.96\times\frac{\sigma}{\sqrt{n}} \leqq m \leqq \overline{x}+1.96\times\frac{\sigma}{\sqrt{n}}$$

・ただし，σ の値が与えられていないときは，σ のかわりにこの標本の標準偏差 s を用いて，

$$\overline{x}-1.96\times\frac{s}{\sqrt{n}} \leqq m \leqq \overline{x}+1.96\times\frac{s}{\sqrt{n}}$$

・99% の信頼区間なら，1.96 が 2.58 になる。

点
点
点

目標タイム 2 分 | 1回目　　分　　秒 | 2回目　　分　　秒 | 3回目　　分　　秒

1　$E(\overline{X}) = m = 63$

$\sigma(\overline{X}) = \dfrac{\sigma}{\sqrt{100}} = \dfrac{27}{10}$

2　$n = 196$ のとき，母平均 m に対する信頼度 95% の信頼区間は，

$$\overline{x} - 1.96 \times \frac{s}{\sqrt{n}} \leqq m \leqq \overline{x} + 1.96 \times \frac{s}{\sqrt{n}}$$

に $\overline{x} = 62.0$，$s = 10.0$，$n = 196$ を代入して

$$60.6 \leqq m \leqq 63.4$$

母平均 m，母標準偏差 σ の母集団から
無作為に大きさ n の標本を取り出すと，
その標本ごとに平均 $\overline{X}$ を考えることが
できるだろう。
$\overline{X}$ は標本ごとに違ってくるから，広がり
をもった分布になる。この分布について
の平均が $E(\overline{X})$ で標準偏差が $\sigma(\overline{X})$ だ。

統計的な推測
ジャンプ！

★★★★☆☆

▶ある工場で平均内容量を 200g として製造されているお菓子の中から無作為に 144 個とり出し，その重さをはかったところ，標本平均は 199.4g であった。

母標準偏差が 3g であることがわかっているとき，この工場で製造されているこのお菓子の平均内容量は 200g ではないと判断してよいか。有意水準 5% で仮説検定せよ。また有意水準 1% ではどうか。【5%：50 点，1%：50 点】

答えは次のページ

統計を使って「何か」否定したいことがあるとしよう。そんなときは実験したり，サンプルを取り出したりして，それをもとに，有意水準 5% の仮説検定を行う。つまり，その「何か」を正しいとして（帰無仮説 H_0 を立てて），数学を使って統計データを処理したら，実験結果がものすごく低い確率でしか起こりえないものであったり，取り出されたサンプルがものすごく低い確率でしか取り出せない（95% の信頼区間に属さない）ことを示して，その「何か」が間違っている（H_0 を棄却する）と結論づけるのだ。

	点
	点
	点

目標タイム **4 分**　1回目　分　秒　2回目　分　秒　3回目　分　秒

　　帰無仮説 H_0：母平均 m は 200

　　対立仮説 H_1：母平均 m は 200 ではない

を設定する。帰無仮説が真であった場合，大きさ 144 の標本平均

$\overline{X}$ は平均 $E(\overline{X}) = m = 200$，標準偏差 $\sigma(\overline{X}) = \dfrac{3}{\sqrt{144}} = 0.25$ の正規

分布で近似される。$Z = \dfrac{\overline{X} - 200}{0.25}$ とおくと Z は $N(0,1)$ に近似的に従

う。$\overline{X} = 199.4$ のとき $Z = -2.4$ である。正規分布表により

$$P(|Z| \geqq 2.4) = 1 - 0.4918 \times 2 = 0.0164$$

である。この値は 0.05 よりは小さく 0.01 よりは大きい。

　　したがって有意水準 5% の仮説検定では H_0 は棄却される。よって，この場合はこのお菓子の平均内容量は 200g ではないと判断してよい。

　　一方で有意水準 1% の仮説検定では H_0 は棄却されない。よって，この結果からはこのお菓子の平均内容量は 200g ではないと判断できない。

別解　$\overline{X}$ が $N(200,\ 0.25^2)$ で近似されることが得られてからは，次のようにして考えることもできる。

　　標本平均 $\overline{X}$ は，95% の確率で，区間

$$200 - 1.96 \times 0.25 \leqq \overline{X} \leqq 200 + 1.96 \times 0.25$$

すなわち $199.51 \leqq \overline{X} \leqq 200.49$ に属すると考えられる。199.4 はここに属さないので H_0 は棄却される。よって，有意水準 5% の仮説検定において，このお菓子の平均内容量は 200g ではないと判断してよい。

　　一方，標本平均 $\overline{X}$ は，99% の確率で，区間

$$200 - 2.58 \times 0.25 \leqq \overline{X} \leqq 200 + 2.58 \times 0.25$$

すなわち $199.355 \leqq \overline{X} \leqq 200.645$ に属すると考えられる。199.4 はここに属するので H_0 は棄却されない。よって，有意水準 1% の仮説検定において，このお菓子の平均内容量は 200g ではないと判断できない。

正規分布表

この表は標準正規分布 $N(0,\ 1)$ について $P(0\leqq Z\leqq u)$ を表す。u の値は小数第 1 位までを縦方向で，小数第 2 位を横方向で読む。たとえば，1.9 の行と 0.06 の列が交わった数値を読むと，$P(0\leqq Z\leqq 1.96)=0.4750$ とわかる。

u	0.00	0.01	0.02	0.03	0.04	0.05	0.06	0.07	0.08	0.09
0.0	0.0000	0.0040	0.0080	0.0120	0.0160	0.0199	0.0239	0.0279	0.0319	0.0359
0.1	0.0398	0.0438	0.0478	0.0517	0.0557	0.0596	0.0636	0.0675	0.0714	0.0753
0.2	0.0793	0.0832	0.0871	0.0910	0.0948	0.0987	0.1026	0.1064	0.1103	0.1141
0.3	0.1179	0.1217	0.1255	0.1293	0.1331	0.1368	0.1406	0.1443	0.1480	0.1517
0.4	0.1554	0.1591	0.1628	0.1664	0.1700	0.1736	0.1772	0.1808	0.1844	0.1879
0.5	0.1915	0.1950	0.1985	0.2019	0.2054	0.2088	0.2123	0.2157	0.2190	0.2224
0.6	0.2257	0.2291	0.2324	0.2357	0.2389	0.2422	0.2454	0.2486	0.2517	0.2549
0.7	0.2580	0.2611	0.2642	0.2673	0.2704	0.2734	0.2764	0.2794	0.2823	0.2852
0.8	0.2881	0.2910	0.2939	0.2967	0.2995	0.3023	0.3051	0.3078	0.3106	0.3133
0.9	0.3159	0.3186	0.3212	0.3238	0.3264	0.3289	0.3315	0.3340	0.3365	0.3389
1.0	0.3413	0.3438	0.3461	0.3485	0.3508	0.3531	0.3554	0.3577	0.3599	0.3621
1.1	0.3643	0.3665	0.3686	0.3708	0.3729	0.3749	0.3770	0.3790	0.3810	0.3830
1.2	0.3849	0.3869	0.3888	0.3907	0.3925	0.3944	0.3962	0.3980	0.3997	0.4015
1.3	0.4032	0.4049	0.4066	0.4082	0.4099	0.4115	0.4131	0.4147	0.4162	0.4177
1.4	0.4192	0.4207	0.4222	0.4236	0.4251	0.4265	0.4279	0.4292	0.4306	0.4319
1.5	0.4332	0.4345	0.4357	0.4370	0.4382	0.4394	0.4406	0.4418	0.4429	0.4441
1.6	0.4452	0.4463	0.4474	0.4484	0.4495	0.4505	0.4515	0.4525	0.4535	0.4545
1.7	0.4554	0.4564	0.4573	0.4582	0.4591	0.4599	0.4608	0.4616	0.4625	0.4633
1.8	0.4641	0.4649	0.4656	0.4664	0.4671	0.4678	0.4686	0.4693	0.4699	0.4706
1.9	0.4713	0.4719	0.4726	0.4732	0.4738	0.4744	0.4750	0.4756	0.4761	0.4767
2.0	0.4772	0.4778	0.4783	0.4788	0.4793	0.4798	0.4803	0.4808	0.4812	0.4817
2.1	0.4821	0.4826	0.4830	0.4834	0.4838	0.4842	0.4846	0.4850	0.4854	0.4857
2.2	0.4861	0.4864	0.4868	0.4871	0.4875	0.4878	0.4881	0.4884	0.4887	0.4890
2.3	0.4893	0.4896	0.4898	0.4901	0.4904	0.4906	0.4909	0.4911	0.4913	0.4916
2.4	0.4918	0.4920	0.4922	0.4925	0.4927	0.4929	0.4931	0.4932	0.4934	0.4936
2.5	0.4938	0.4940	0.4941	0.4943	0.4945	0.4946	0.4948	0.4949	0.4951	0.4952
2.6	0.4953	0.4955	0.4956	0.4957	0.4959	0.4960	0.4961	0.4962	0.4963	0.4964
2.7	0.4965	0.4966	0.4967	0.4968	0.4969	0.4970	0.4971	0.4972	0.4973	0.4974
2.8	0.4974	0.4975	0.4976	0.4977	0.4977	0.4978	0.4979	0.4979	0.4980	0.4981
2.9	0.4981	0.4982	0.4982	0.4983	0.4984	0.4984	0.4985	0.4985	0.4986	0.4986
3.0	0.4987	0.4987	0.4987	0.4988	0.4988	0.4989	0.4989	0.4989	0.4990	0.4990

監修者紹介

牛瀧　文宏（うしたき ふみひろ）

1962年兵庫県生まれ。大阪大学理学部数学科卒業。同大学院博士課程修了。理学博士。現在，京都産業大学理学部数理科学科教授。啓林館の高等学校数学科教科書の編著作者。『これでわかる！パパとママが子どもに算数を教える本』（メイツ出版，監修），『小中一貫（連携）教育の理論と方法—教育学と数学の観点から』（ナカニシヤ出版，共著），『初歩からの線形代数』（講談社）など著書多数。

三田　紀房（みた のりふさ）

1958年生まれ，岩手県北上市出身。明治大学政治経済学部卒業。代表作に『ドラゴン桜』『インベスターZ』『エンゼルバンク』『クロカン』『砂の栄冠』など。『ドラゴン桜』で2005年第29回講談社漫画賞，平成17年度文化庁メディア芸術祭マンガ部門優秀賞を受賞。現在，「ヤングマガジン」にて『アルキメデスの大戦』，「グランドジャンプ」にて『Dr.Eggs ドクターエッグス』を連載中。

NDC411　　　119p　　　21cm

新学習指導要領対応（しんがくしゅうしどうようりょうたいおう）（2022年度（ねんど））
ドラゴン桜式（ざくらしき）　数学力（すうがくりょく）ドリル　数学Ⅱ・B・C

2023年　1月20日　第1刷発行
2024年　9月6日　第3刷発行

監修者　　牛瀧文宏（うしたきふみひろ）・三田紀房（みたのりふさ）・コルク・モーニング編集部（へんしゅうぶ）

発行者　　森田浩章

発行所　　株式会社　講談社
　　　　　〒112-8001　東京都文京区音羽2-12-21
　　　　　販売（03）5395-4415
　　　　　業務（03）5395-3615

KODANSHA

編　集　　株式会社　講談社サイエンティフィク
　　　　　代表　堀越俊一
　　　　　〒162-0825　東京都新宿区神楽坂2-14　ノービィビル
　　　　　編集部（03）3235-3701

印刷所　　株式会社　KPSプロダクツ

製本所　　株式会社　国宝社

ISBN978-4-06-530476-1